JN029094

新版

ブドウの作業便利帳

高品質多収と作業改善のポイント

高橋国昭・安田雄治
［著］

農文協

はじめに

『ブドウの作業便利帳』が出版されたのは一九九〇年三月だった。それから30年近くたったが、多くの読者にご利用いただき41刷りを重ねさせていただいた。読者の皆さんには心から感謝申し上げたい。

しかし、この期間にわが国のブドウ産業は大きく様変わりした。一つは大粒で高品質な新品種が数多くつくられたことである。ついで、開花期のジベレリン処理による種なし果の増加で、いまやブドウは種のないものと考えられるようになったことである。さらには、雨よけを含め、栽培面積の多くをハウスがしめるようになったことである。

こうした変化を品種の面からみると、キャンベル・アーリーや甲州などの糖度の低い品種から、小粒で糖度の高いジベ処理したデラウェア、巨峰やピオーネなど糖度が高く美味しい大粒種、そしてシャインマスカットなど大粒で美味しいうえ皮ごと食べることができるものへと変化した。

また、経済のグローバル化とわが国の政策によって、南北アメリカからブドウ果実の輸入を増加させた。品質がよくて食べやすく安価な外国産ブドウの輸入増加は、わが国の加温栽培の価値を低下させ、ブドウ栽培者の新しい試練になっている。今後、ヨーロッパのブドウの輸入が心配である。

これらの情勢の変化に対応するには、高品質なブドウを前提として、外国産に打ち勝つだけの栽培技術と経営を実現しなければならない。その方策は二つあり、一つは土地生産性のさらなる向上であり、二つめは労働生産性の向上である。具体的には、糖度の高いブドウの大幅な反収の増加であり、手間をかけない栽培である。その基礎は、太陽の光エネルギーを十分に活かした栽培技術、すなわち物質生産の考え方にもとづいた栽培による反収の圧倒的な増加にあると考える。

ブドウの物質生産理論を公表してから数十年になるが、研究はあまり進展していない。しかし、不十分ながら筆者等は現在までできる範囲で物質生産の研究をつづけ、同時に実証栽培を行なってきた。それらの成果を加えながら、好評だった『ブドウの作業便利帳』を現状にマッチした書として改訂することにした。ハウス栽培やネット棚栽培などについても、記述を充実させた。

傘寿をこえ気力が衰えがちなのを叱咤激励し、読みやすい本に仕上げていただいた農文協の丸山さんに心から感謝申し上げる。

なお、新しい技術については安田雄治君に託し、全体の構成は高橋が担当した。前著に変わらずご愛顧賜れば幸いである。

二〇二〇年二月

高橋　国昭

新版 ブドウの作業便利帳

目次

果樹園の造成と植え付け、若木の管理——29

休眠期の作業——39

整枝・せん定の考え方と方法――48

発芽期から養分転換期の作業――66

開花結実期の作業――72

果 実肥大成熟期の作業——79

貯蔵養分蓄積期の作業——97

病害虫の効果的な防除——100

施設栽培――105

〈付録〉

棚の明るさは葉の4枚重ね（葉面積指数4）がよい

成熟前ごろの棚の状態と生産力（いずれも7月1日（晴天）の正午撮影）

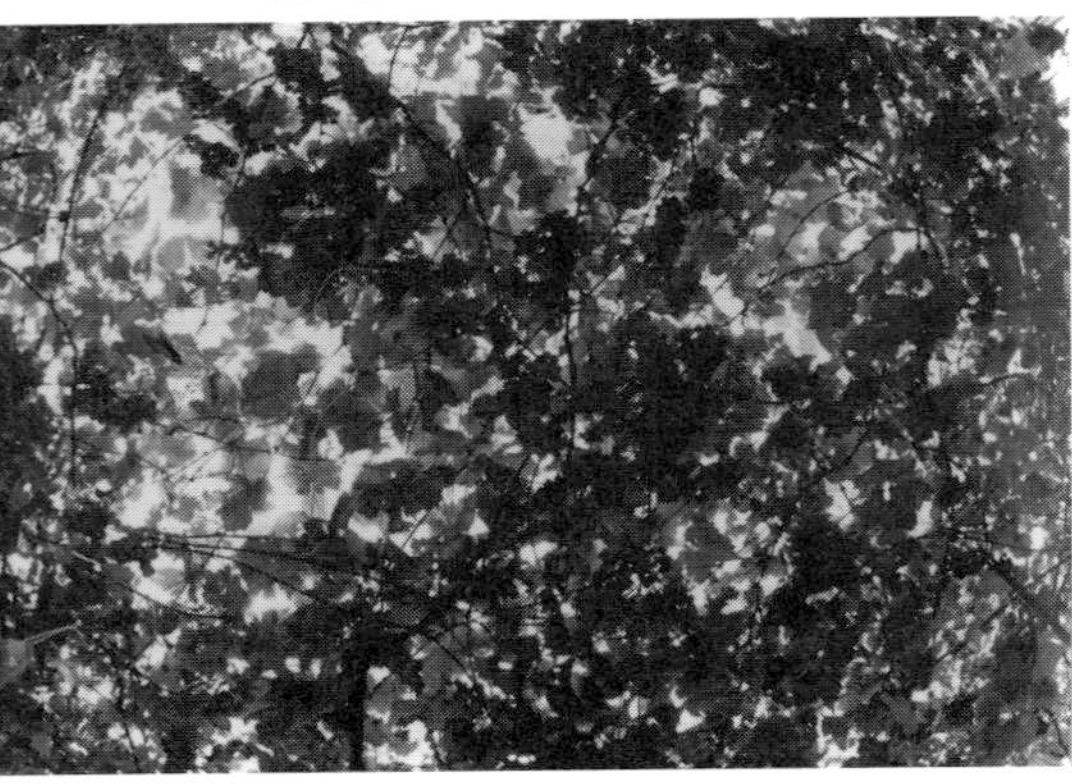

葉面積指数（LAI）約4の棚面の明るさ（左）と地面の葉陰（右）
晴天の日が多い時期に成熟する品種の作型では，ちょうどよい明るさ（最適 LAI）である。高品質多収をねらう最適な明るさで，棚下の草はほとんど生えない。日中の棚下照度は約 2,000lx。

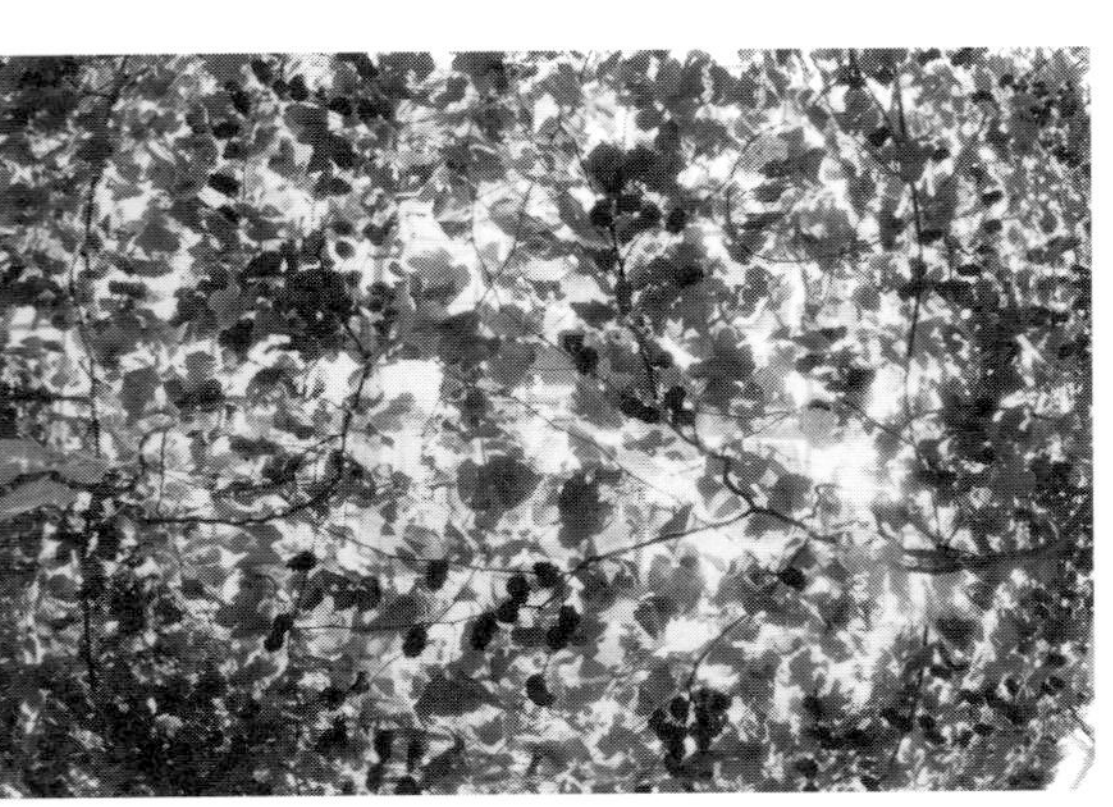

LAI 約3の棚面の明るさ（左）と地面の葉陰（右）
曇雨天の多い時期に成熟する品種や作型では適正な明るさであるが，晴れの多い時期に熟れる場合には明るすぎる。

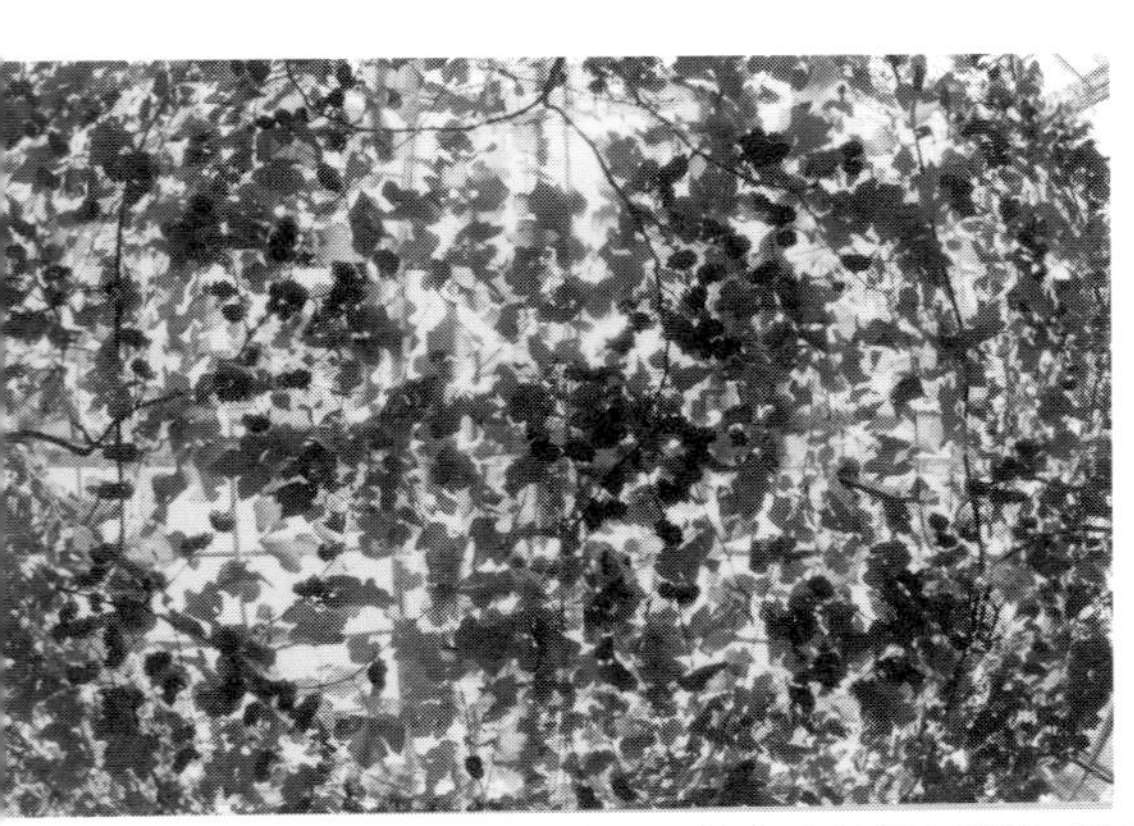

LAI 約2の棚面の明るさ（左）と地面の葉陰（右）
棚面が明るすぎて（LAI が低すぎて），多収をねらうには無理があり，着果量は少なめにする。したがって，収量は低いうえ日焼け果が出やすい。

（葉面指数（LAI（エルエーアイ））は，全葉面積をその土地の面積で割った値で，その値が4だと LAI 4になる。これはその土地に葉が4枚重ねですき間なく並ぶということで，3は3枚，2は2枚重ねで並ぶことである）

貯蔵養分と腋芽の発芽

貯蔵養分と芽の生育
発芽前に結果母枝を腋芽の上下で環状剥皮すると，環状剥皮と環状剥皮したあいだの結果母枝中の貯蔵養分だけで腋芽は生長する。左が無処理である。
剥皮すると枝に含まれている貯蔵養分は上下に移動しないので，剥皮間の長いものほど腋芽の生長はよく，最も短い右の腋芽の生長が劣る。なお，貯蔵養分は旧い枝と根の体積に比例する。

巨峰の健全な腋芽の発芽
斜め右に伸びている大きな芽が主芽であり，左の真上に伸びた芽と主芽の下に少し膨らんでいるのが副芽である。通常主芽だけが発芽し，副芽は晩霜害などで主芽が障害を受けないと出ないが，巨峰は副芽がよく出る。
生育のよい副芽は結果枝として十分に使えるし，弱くて結果枝として使えなくても「嫁ぎ枝」として利用できる。

芽傷をいれた巨峰の長大な結果母枝の発芽
水が上がるころに，腋芽の先5㎜くらいのところに芽傷をいれたところ，全ての節から発芽した。しかし，これらの多くは主芽が枯死した腋芽から出たため，貧弱である。
このような新梢でも花穂があれば結実するし，発芽させることによって，樹勢をよい方向へ向け，LAIを早く増やすことができる。

巨峰の腋芽内の主芽の枯死
右は健全な腋芽で，中心に主芽があり，その両側に副芽がある。左は主芽が枯死した腋芽である。このような現象は，デラウェアではほとんどみられないが，巨峰をはじめ4倍体品種にはよくみられる。しかも，強勢な結果母枝に多く，とくに二次生長した一次生長部分に多い。

新梢の先端で樹勢を判断

**デラウェアの
もう少しで止まる新梢**
開花後２週間ころに，結果枝のほとんどがこの程度なら理想的なので，摘心の必要はない。結実もよいので，結実を確認したらなるべく早く標準量の追肥を施す。

デラウェアのやや強い新梢
開花後１カ月ころに，伸ばしたい主枝や亜主枝の先端の新梢だけがこの程度なら問題はないので，結実を確認したらいくらかの追肥を施す。しかし，多くの新梢がこのようであれば強すぎるので，摘心して伸ばさないようにして，追肥は控える。

デラウェアの強勢すぎる新梢
茎は太く節間は長く，副梢が勢いよく伸び，巻きひげは太く，新梢先端の巻き込みがひどい。また，葉が大きいだけでなく幅が広く色が濃い。樹冠の拡大が目的の１～２年目では好ましいが，成木では危険信号である。
開花後１カ月たっても伸びるようであれば夏季せん定を徹底して伸ばさないようにするか，基部から切り落とす。追肥は不要である。

生育ステージと結果枝の良し悪し

開花直前ころの巨峰の結果枝
左端は強すぎて花振るいするので，種あり果生産には適さない。中央の３本は生育中庸で，種あり果生産に適するが，種なし果生産にも適する。右端は弱すぎて花振るいしやすいので，果実をつけず「稼ぎ枝」として利用する。

開花前のシャインマスカットの結果枝
右から 173㎝，100㎝，84㎝，45㎝である。

右端は強いので，樹冠を拡大する主枝や亜主枝を伸ばすときは利用するが，結果枝として利用するには強摘心する。

左端の新梢は「稼ぎ枝」として使用するのがよい。

中の２本は適度な生育で，満開期ジベレリン処理でよく結実する。結実が心配なら７～８枚で摘心する。

作型による結果枝の生育のちがい

いずれも4月18日に採取したもので、生育は良好である。

	作型	被覆	加温開始	ジベレリン処理	開花期
左端	超早期加温	11/2	12/15	1/17	2/2
2番目	早期加温	12/2	1/20	2/10	2/20
3番目	普通加温	2/10	2/23	3/18	3/25
右端	無加温	3/4			

デラウェアの作型別結果枝の状態

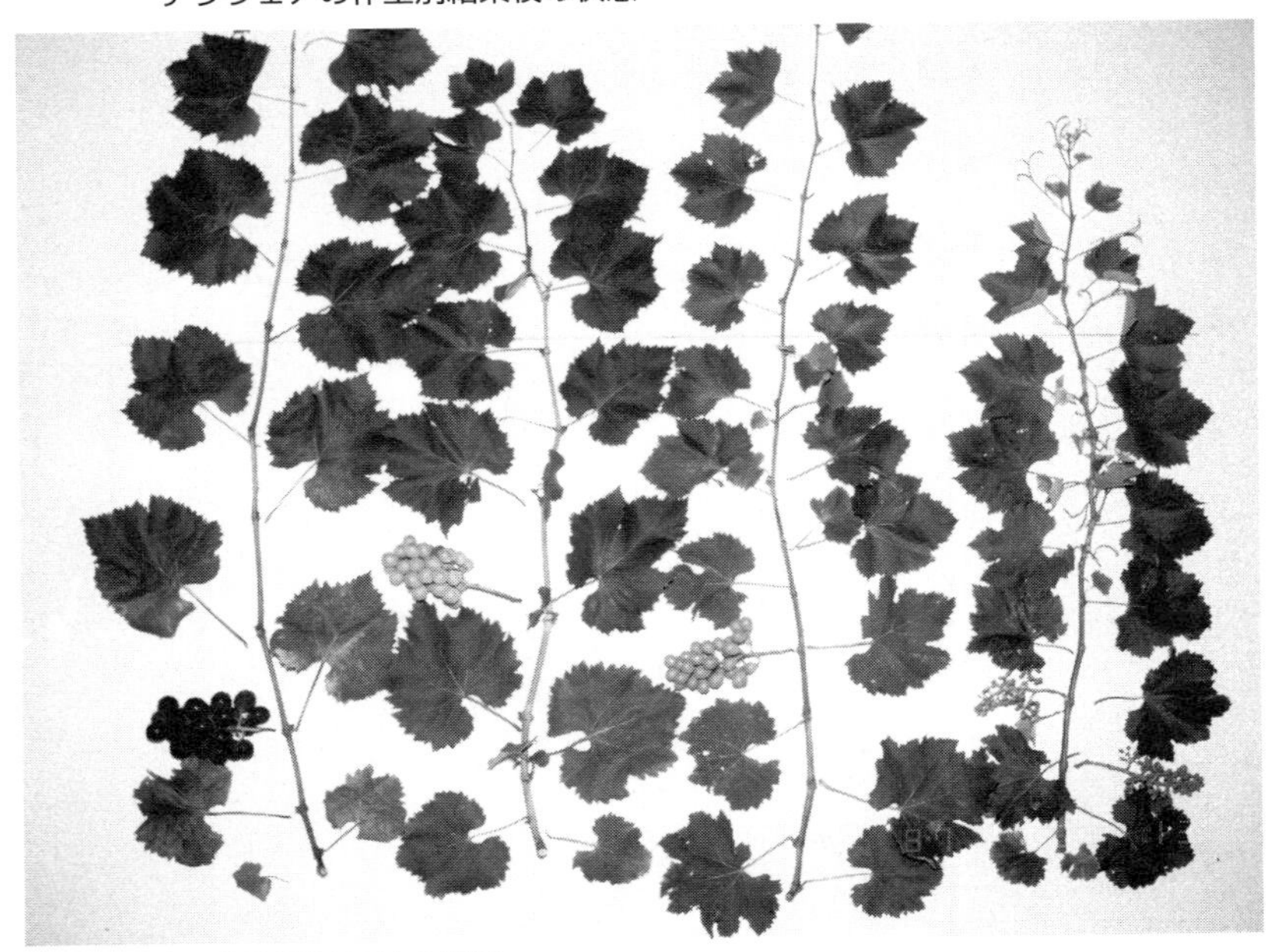

種あり巨峰の作型別結果枝の状態

いずれも６月１３日に採取したもので，左から早期加温栽培，普通加温栽培，無加温栽培，露地栽培。露地栽培の結果枝はやや強いが，その他の作型は全て理想的な状態である。

深耕と新根の発生

1年でこんなに新根が出る
深耕のときに切った直径1㎝くらいの根から出た新しい根（白い根）。このように，切った部分から多くの新根が発生するので，深耕のとき太い根を切ってもだいじょうぶ。切った根はノコやせん定バサミで切り口をきれいに切る。

新根は活力が高い
岡山県のガラス室栽培7年生マスカット・オブ・アレキサンドリア園での，深耕年次と根の発生状況。右は深耕1年目の根で，左の4年目の根より明らかに少ない。しかし，これではわかりにくいが，1年目の根の色は白っぽい。
園主によると，灌水後の乾き具合で根の吸収能力がわかるという。発芽後しばらくは新根が出ていないので，深耕1年目のところの乾きが最も遅いが，新根が出る7月ごろになると最初に乾くようになるので，1年目の根の活力は高いようだという。この園は岡山県でも有数の優良園であり，この年の反収は2,000㎏をこえていた。

花穂の生育と房づくり，ジベレリン（GA）処理

●開花期前ジベレリン処理デラウェアの花穂と果房

デラウエアの開花
ブドウの開花期になると，雄しべと雌しべを覆っているガクがはじけて開花する。ゆる房づくりでジベレリン処理を早漬けすると，ガクがとれないまま子房が太り，ビックリ玉といわれるように肥大がよい。

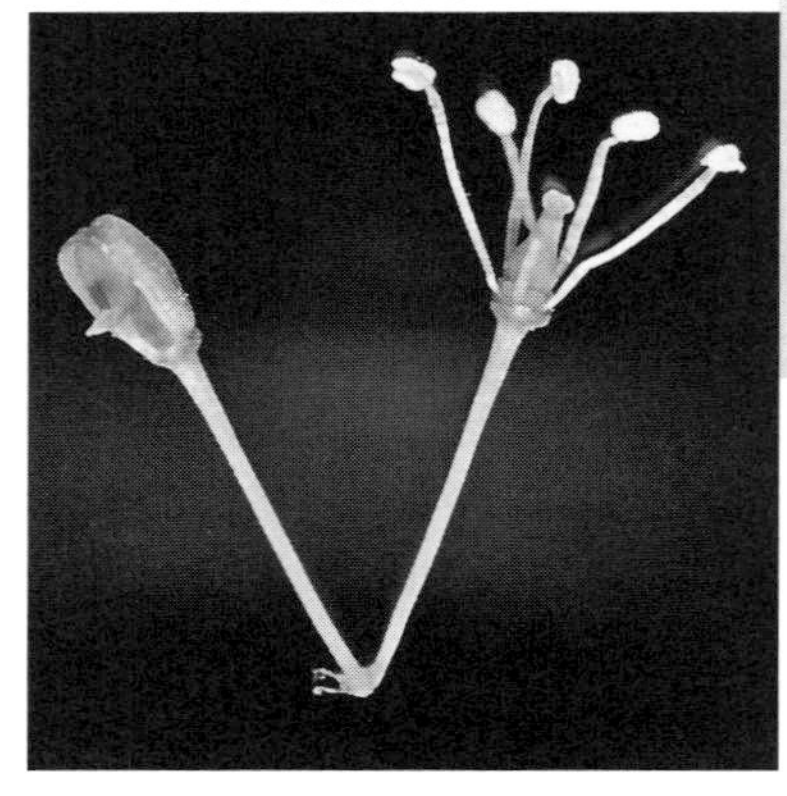

デラウェアの開花前処理適期
開花前のジベレリン処理適期のデラウェアの結果枝である。8枚展葉し，第1，第2花穂は上方の二次花穂が少しばらけているが，第3，第4花穂はほとんどばらけていない。昔とちがい現在では，摘粒しないですむように，ゆるめの房が好まれる。この場合は，第3，第4花穂が処理適期である。フルメット加用するので，摘心の必要はないが，樹勢が強い場合には摘心することもある。

デラウェアの摘粒
左から軸長 7.7，12.3，9.5，7.5㎝で，着粒数は 90，135，90，70 粒である。したがって，軸長 1㎝当たりの着粒数は，左から 11.7，11.0，9.5，9.3 粒である。左2房はやや固房となり，現在のゆる房づくりには9粒 /㎝くらいの右2房が適当である。つきすぎの房は摘粒しないと，裂果のおそれがある。

●満開期ジベレリン処理果房（シャインマスカット）の房づくりとジベレリン処理

早期花穂の摘み取り
ブドウの新梢は，短梢せん定でも2m以下で止まるような強さがよい。花穂は徒長気味のほうが種子ははいりにくく，種なし果粒の初期肥大もよい。
したがって，数枚展葉し花穂が摘み取れるようになったら，目標の花穂数を残して摘み取るようにする。

シャインマスカットの花穂切り込み
開花はじめごろ花穂の先端部2～3㎝残し，その上3㎝のところに，ジベレリン処理の有無を判断するための二次花穂2個を残す。他の品種も満開期処理では同じように行なう。
（写真：安田）

シャインマスカットのジベレリン処理
第1回のジベレリン処理は，開花が完全に終わって（満開）から3日以内に行なう。そのとき，ジベレリン処理の有無を判断するための枝梗1個を摘み取っておく。そして，それから10～15日後のあいだに第2回のジベレリン処理を行ない，残った枝梗を摘み取って処理が終わったことがわかるようにする。ジベレリンとフルメットの濃度は登録された値を守る。
（写真：安田）

シャインマスカットの房づくり
（左：摘粒前，右：摘粒後）
シャインマスカットで600gをねらう場合，軸長8～9㎝で二次果房数12～13段残し，着粒数は40～45粒とする。
果粒が大きいほど同じ軸長なら密着になるので，それぞれの品種や自園の果粒肥大を勘案して軸長を決める。（写真：安田）

施設の種類

理想は屋根型ハウス
人の住む家の構造で一番多いのは切妻づくりだが，同じように，ブドウのハウスもシンプルで強く，保温と換気がやりやすい屋根型ハウスがよい。

アーチ型連棟ハウスが多い
軟質の塩化ビニルが開発されてからアーチ型ハウスが普及した。換気が困難だったり災害に弱いところがあるが，建設の歴史が古く現在でも最も多いハウスである。

部分被覆は安上がり
病害を回避するためにブドウ棚に取り付ける，部分被覆ハウスが増えている。初期投資は安価だが，災害には弱い。棚に空間があるので害虫や鳥などを防ぐには，新しく資材を追加しなければならない。

露地の２重ネット棚は生産安定
日本海側のように強い季節風でブドウがつくりにくい地域では，ブドウ棚を２段につくり，上の棚をネットで覆えば，部分被覆と同じくらい生産が安定する。

物質生産はこうして測る

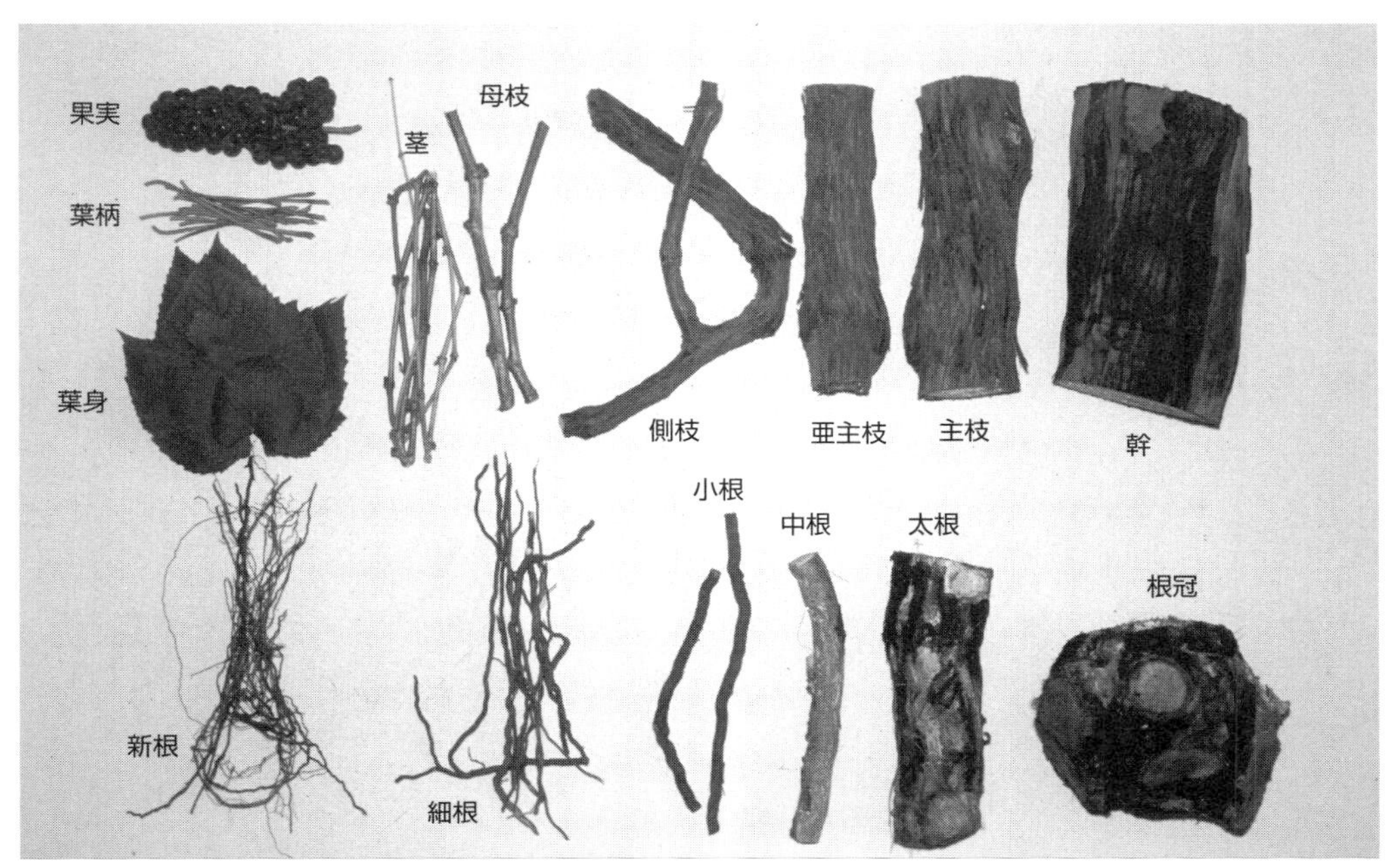

果実，新梢，新根と旧枝・旧根の年輪が１年の物質量
左上から果実，葉柄，葉身，新根でその右上が茎で１年目にできた。その右からは，上段は旧枝で下段は旧根であり，今年の年輪部分を１年目にできた部位に加えたものが今年の物質生産量である。

根を掘り上げるのが大仕事
土のなかの根を掘り上げるには多くの労力が必要で，しかも全て拾うのがむずかしく，かなり残ると思われる。

１年目の年輪を削り取る
旧枝や旧根は，その年にできた年輪の幅を測り，その部分を削り取って乾物率を測定する。

樹冠を測って器官別に調査する
樹冠の面積を測ってから，器官別に切り分け，重さや長さを測る。各器官のサンプルを持ち帰って葉面積や乾物率などを測る。

作業改善の新しい考え方とすすめ方

（樹が教える栽培法転換の方向）

●「まず目標収量！」という発想のおかしさ

これまでの、ブドウの栽培理論のなかで、重要なものは次のようではなかったか。

たとえばデラウェアの反省会で、まず、10ａ当たりの目標収量を1.5ｔと決める。次に1房重を100ｇと推定する。以上の数値から10ａ当たりの必要房数を計算すると、1.5ｔ÷0.1kg＝1万5000房となる。

次に結果枝当たりの着房数を決める。結果枝1本当たり2房とすると、1万5000房÷2で、必要な結果枝の数が7500本と計算される。結果母枝を5芽でせん定し、発芽率を75％に見込むと、10ａ当たりの必要母枝数は2000本となるから、棚面1㎡当たり2本の結果母枝を残せばよい。

大粒系の例をあげよう。出荷量や農家の平均的な収量などから、なんとなく10ａ当たり1800kgとし、1房重を600ｇとすると10ａ当たりの着房数は3000となる。指導方針では600ｇになるよう房づくりし、1800kgとりましょうとなる。

これは、まことに理解しやすい考え方ではある。しかし、実際に栽培してみればわかるが、この通りにならないことが多い。

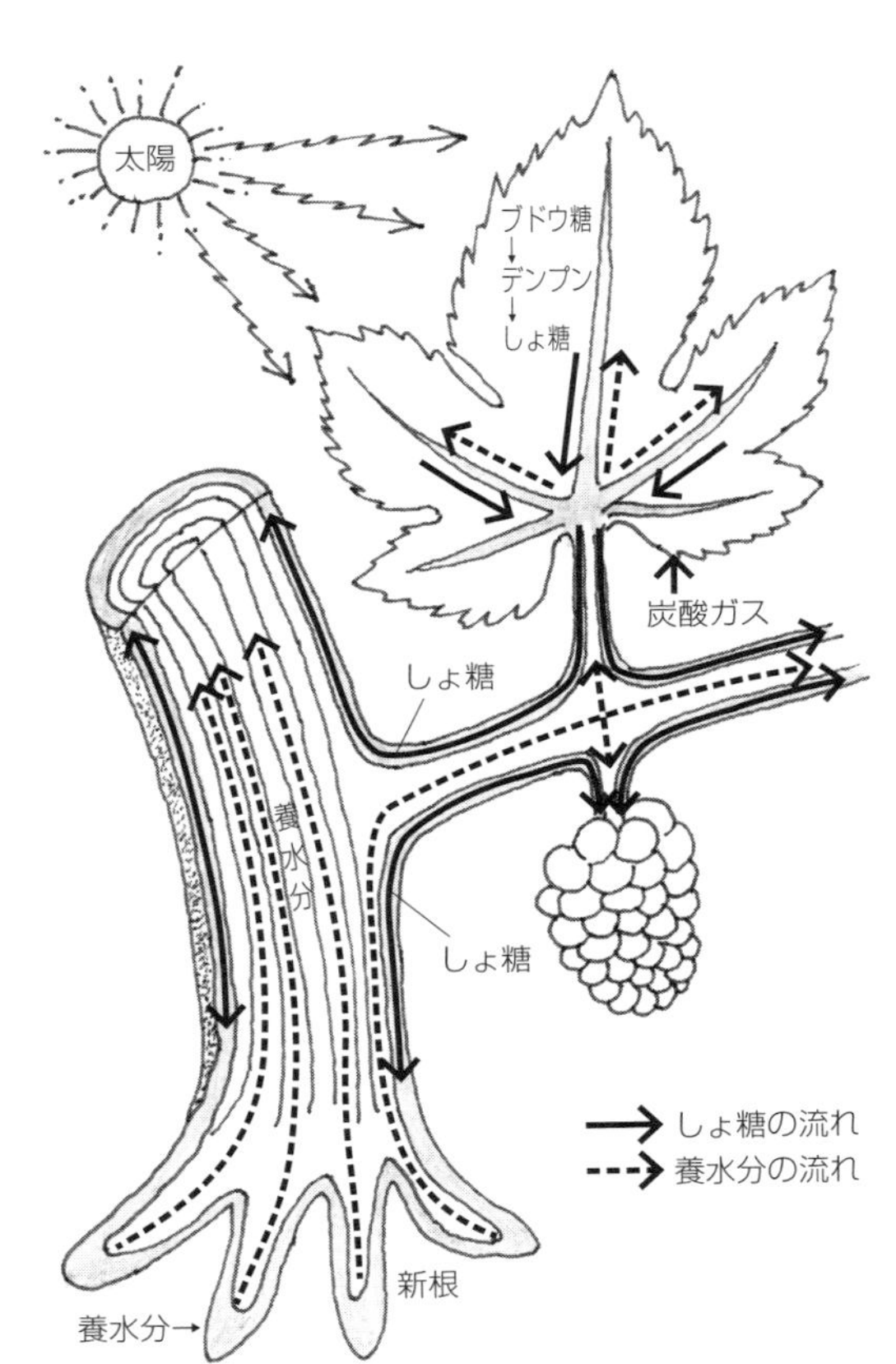

図1　ブドウは葉の光合成でつくった糖（ブドウ糖）と根から吸収する無機養分で生長する

●収量はブドウ樹の生産する力（物質生産力）で決まる

収量とは果実の生の重さであり、収穫が終わらなければ決まらない。ところが、この理論では収量は手前勝手に決めることができるものとしている。もしも、そういう理論が成り立つなら、目標の収量を1.5ｔではなく10ｔにしてもよいはずである。でも、そんなことはできないことはだれもが知っている。

果実から水をとると、ほとんどが糖である。この糖は光合成によってつくられたもので、ブドウ樹が生産した物質（注1）の一部である（図1）。

そうだとすれば、収量はブドウの物質を生産する力（物質生産力）に左右されるはずである。

さらに、生産された物質の果実への分配のさ

〈注1〉物質とは植物の体をつくっている物、すなわち物質のことである。光合成産物（糖＝デンプン＝炭水化物）と肥料成分（窒素、リン、カリウムなど）を合わせた量が物質であるが、光合成で生産されたものが大部分である。したがって、物質生産とか物質生産力は、いかに効率よく光合成を行なわせ、果実に多く分配して収量・品質を高める力と考えてよい。

〈注2〉葉面積指数＝ＬＡＩ（エルエーアイと読む）とは、全葉面積をその土地の面積で割った値で、その値が1だとＬＡＩ1になる。これはその土地の面積に葉が1枚ずつすき間なく並ぶということで、2は2枚、4は4枚重ねで葉がすき間なく並ぶことである。

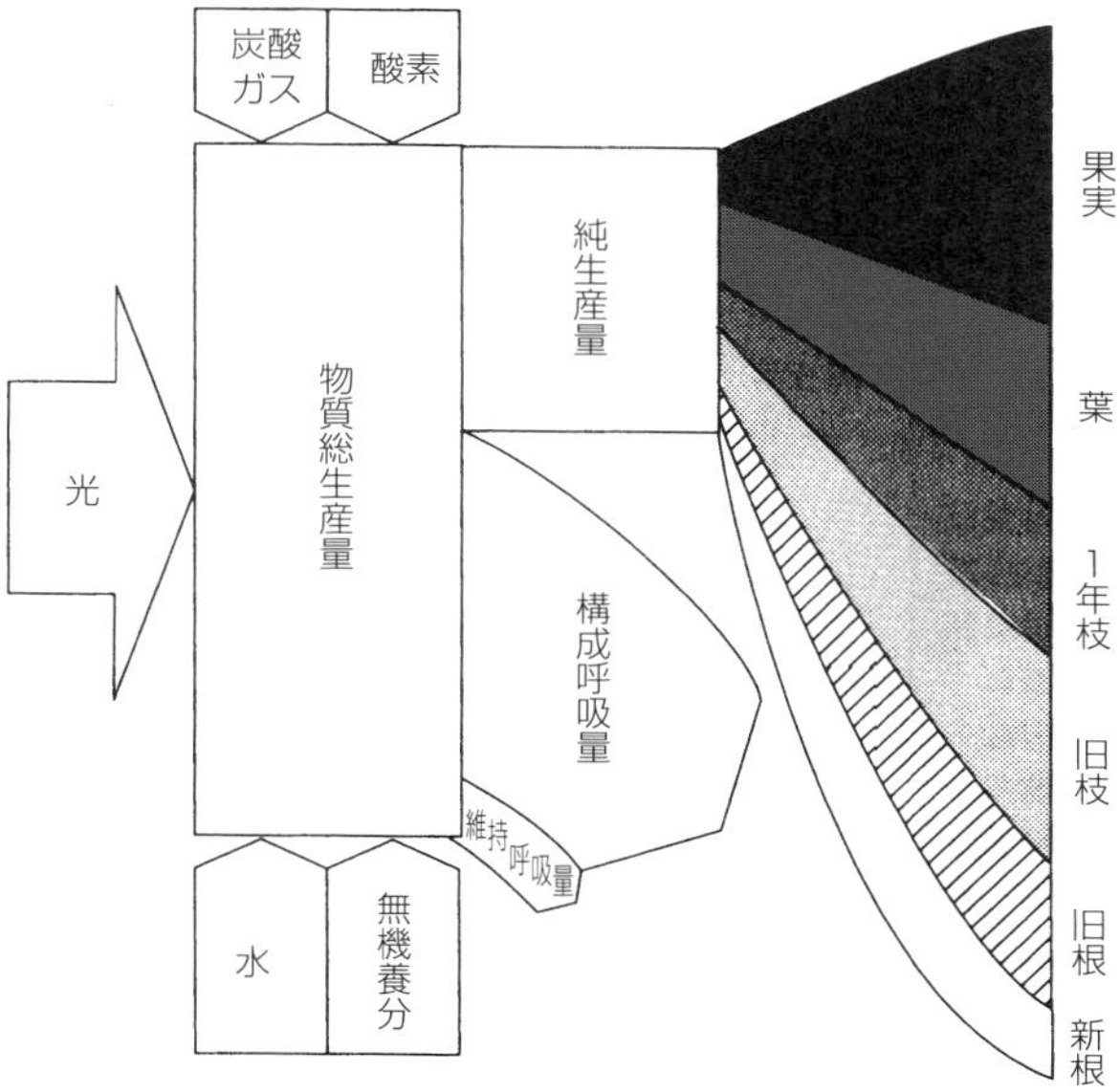

図2　生産された物質は果実をはじめ各器官に分配されブドウの樹を形づくる
構成呼吸：器官や組織の構成や物質をつくるエネルギーに用いられる
維持呼吸：生命活動を維持するための呼吸

れ方にも左右されるはずである。本来、それらがわからなければ、収量を予測することはできない。

●作業改善で樹の物質生産力を最大限に発揮させよう

まずせん定を行なうにあたっては、その年の天候と収量や品質、あるいは施肥量などを考慮して樹勢の強弱を判断する。そして、適切な強さのせん定を行なう。その後の生育状態を観察しながら、摘心やねん枝をしたり追肥の加減などを行なう。さらには、結実状態や房の大きさ、および葉の茂りぐあい（葉面積指数＝ＬＡＩ（注2））と新梢の生長停止の時期などを考慮して、適正な着果量になるよう房数を決める。

これが、自然の法則に沿ったやり方、すなわち物質生産理論による栽培である（図2）。

本書は、自然の法則に沿いながら樹の物質生産力を最大限に発揮して、美味しい高品質のブドウを多収するための、考え方と作業改善の方法を具体的に紹介したものである。

芽かきは高品質多収の大敵

●短い枝の葉ほど光合成能力は大きい

葉で生産された物質は、果実、枝、根、葉など樹全体に分配される。

光合成産物はほとんど葉でつくられるから、葉が多いほど多くなる。葉は新梢についているから、新梢が多いほど、そして長くなるほど多くなる。したがって、物質生産量を増やすには、新梢を多く残して伸ばせばよいわけである。

しかし、葉は一度に出るのではなく新梢の生長につれて次々と出る。したがって、新梢の基部に近い葉ほど早く、先端の葉が最も遅い。その差は短いもので1カ月、10ｍも伸びる新梢なら収穫後にも出るので3カ月以上の差がある。

すなわち、早く出た葉ほど光合成生産期間が長いだけでなく、成熟期までの仕事量は、同じ面積の葉であっても、早く出た葉のほうが多くの物質を生産し、果実への分配も多くなる。葉は古くなると光合成能力が落ちるというデータもあるが、葉色が同じなら早く出ても遅く出ても、光合成能力は同じである。

ところが、ブドウには芽かきの習慣があり、とくに短い枝を多くかきとる。これは、他の果樹ではみられない枝管理であるが、これが問題である。

図3　シャインマスカットの短梢無芽かきでの生育状況
登熟枝30本中20本が果実をつけていない稼ぎ枝

●根拠のないブドウの徹底した芽かき

果樹のなかで徹底的に芽かきするのはブドウだけである。なぜこうなったのか、おもな理由は二つ考えられる。

一つは、わが国で本格的なブドウ栽培は甲州で始まったことだ。甲州は果房に光が直接当たらないと色がつかない直光着色品種である。そこで、棚面を明るくするため、短めの新梢を早期に間引く芽かき技術が定着した。

二つめは、ブドウの果房は、ついた枝の葉からだけ糖分を受け取り、他の新梢から糖はこないと考えられていたからである。したがって、果実をつけない新梢、とくに短い新梢は不要なものとして芽かきしたのである。だから果実のつかない新梢は「カラ枝」呼ばれた。

一つめの理由は、科学的な根拠があるからよいとしても、二つめの理由は根拠がない。なぜなら、葉でつくられた糖分（物質）は、師部（皮の部分）を通って、ブドウ樹全体に運ばれるからである。このことについては、植物生理学の常識であるが、ブドウではそう考えられていなかった。筆者が実験で証明して、1986年の学会で発表してからは、糖は他の新梢から自由に転流することが常識として技術に応用されるようになった。

ということで、葉が茂りすぎてLAIが4をこえた、樹勢が弱った、陰芽が伸びだしたなどの理由がないかぎり、芽かきはしないほうがよい。

といっても、芽かきは絶対してはならないかといえばウソになる。他の果樹でもすることがあるので、「芽かきの判断と方法」の項でくわしく述べる。

●果実のつかない枝は「稼ぎ枝」

新梢の長短にかかわらず、果実のつかない新梢は、果実のついた枝へ糖を送る。とくに短い新梢の糖は、ほとんどが他の枝の果房へ送られるので、果実の品質を高め収量をあげる大きな役割をしている。だから、果房のつかない枝は「カラ枝」ではなく「稼ぎ枝」というべきである（図3）。

重要なのは早期の花穂の摘み取りと摘粒

ところが、ブドウの新梢はほとんどが結果枝で、30cmであろうと1mとか10mになろうと、花穂が2～3個以上つくのはめずらしくない。

したがって、貯蔵養分で生育する初期に多くの花穂を放任すると、養分の取り合いになって、結実不良や果粒肥大が抑制される。そのため目標の着果数よりやや多く残して、他の花穂は早めに摘み取る。

種あり栽培なら止まりやすい新梢の花穂を残し、種なし栽培なら目標着果数の1.2～1.4倍程度残す。そして、着粒密度の適正なものを残し、密着房や花振るいした房は摘み取る。不足するようだったら、密着房は残して摘粒する。

そうはいっても、普通はよくついた房を残す。開花後10日も過ぎれば摘粒できるので、早く摘粒するほど残った果粒は太る。ただし、アン入りが出やすいシャインマスカットや早生甲斐路などは、果粒軟果期直前になってから最終摘房をするのが無難である。

消費者によろこばれる品種を上手につくる

●新品種オンパレードの時代

30年前ごろまでの主要品種は、キャンベル・アーリー、デラウェア、巨峰、ネオ・マスカット、マスカット・ベリーA、甲州がほとんどをしめていた。ところが、新しい種苗法ができてから、研究機関だけでなく、個人や企業開発の新品種が急激に増えた。大粒で、ヨーロッパ系の血がはいった品種が増え、品質は格段によくなり、ジベレリン（GA）処理による種なし果がほとんどをしめ、皮ごと食べられるものまでつくられはじめた。まさに品種の戦国時代といってもよい状況である。

売り方もずいぶんかわった。以前はつくったブドウは全量JAの集荷所に集められ、市場に送られた。だからブドウ農家はつくりさえすればよかった。だが、現在は贈答用や軒先販売、ブドウ狩りなど直接売る人が増えた。まずいものを売れば、消費者はこなくなる。よい品種を上手につくり、消費者によろこばれなければ売れなくなる。これが本来の売り買いの原則だ。

消費者が好むブドウの品質はますます高級化してきているので、品種を選ぶのも自己責任で十分に検討してかからねばならない。

●ヨーロッパ系品種を選びたい

外国からヨーロッパブドウの輸入が多くなるなかで、品質で負けないようにヨーロッパ系の血の濃い品質優良な品種をつくりたい。雨の多い日本でも、ハウス栽培なら可能である。

アメリカ系の血がはいった品種は甘さが黒砂糖に似ているのに対し、純ヨーロッパ系品種は白砂糖に似てあっさりしているのが特徴である。ヨーロッパ人やその系統の人々は、ブドウは皮も種子も一緒に食べるものと考えており、残るのは細い果梗だけである。

以前、LAIに関するわが国の状況を知るために、島根県農業試験場を訪ねてこられたミシガン大学の教授が、硬くて大きい種子をもつ巨峰でさえ種子までバリバリとかみ砕いて飲み込まれたのには驚いた。

近年急速に人気が高まっている、二倍体の白色大粒品種のシャインマスカット（図4）も、皮ごと食べることができる品種である。

●ワイン用品種はなにを選ぶか

戦後ワインブームが何回かあったが、現在のブームは本格的で、酒売り場には温度管理した世界中のワインが所狭しと並んでいる。

それが影響してか、ワイン用ブドウづくりがブームになっている。日本の醸造技術は世界で最も優れているといわれており、日本産のワイ

図4　シャインマスカット

図5　甲州

図6　カベルネ・ソービニヨン

ンが世界でも注目されるようになった。

そのためか、わが国の白ワイン用の代表的品種である甲州（図5）はもちろんのこと、デラウェアやナイヤガラなどのアメリカブドウでも品質のよいワインが生産されるようになった。

これからつくろうとするなら、赤ワインならカベルネ・ソービニヨン（図6）かメルローを、白ワイン用ならシャルドネ（図7）かソービニヨン・ブランをメインにしておけば無難だろう。それらをつくりこなせるようになったら、他の品種を増やせばよい。

ワイン用ブドウの仕立てで、ヨーロッパに習って垣根仕立てにする人がいるが、後ほど述べるように、わが国特有の平棚でつくり、高品質多収をねらうほうがいいだろう。

図7　シャルドネ

関税撤廃の波が押し寄せ、ヨーロッパワインが安く輸入され、価格競争が激しくなっている。これに打ち勝つには、良質なブドウの反収を飛躍的に高めることである。それが平棚での最適LAI栽培である。

環境条件を知り改善しよう

気象条件　気象条件は、ブドウが生育するうえで絶対必要な光、空気（酸素や炭酸ガス）、雨（水）、温度（一定範囲内の）などである。それに、適度な風も必要である。

光は強いほどよいといえようが、雨は数百ミリ程度がよく、温度は生育期によってちがい、生存温度は、休眠期のマイナス15℃程度から45℃くらいである。生育適温は25℃から30℃くらいだ。風速はLAIが低いと1m程度、4になると2m程度で、それ以上の風は光合成を阻害するので、適度な目の大きさの防風ネットで防ごう。

土壌条件　土壌条件では、土地のでこぼこ、排水の良し悪し、肥沃度、地下水位などが重要で、ブドウに適したものにできるか否かを吟味する必要がある。

赤土などの粘土質土壌や真砂土のように雨水が浸透しにくい土質では、表面排水の不良によってブドウの生育を悪くする。このような土質では、機械作業に支障のない4～5度程度の傾斜をつけると同時に、土そのものの排水改善が必要だ。

生物的条件　病害、虫害、鳥害、獣害など動植物や微生物のことで、これらの被害が多ければブドウの生産に支障が出る。病害には被覆、害虫や鳥獣害にはネット棚栽培が安全だ。獣害には電気牧柵が効果的である。

施設・資材で環境条件を的確に制御する　以上の条件は、栽培する人によって有利に働いたり不利に働いたりする。これらの条件を、コントロールしようと考えられたのが、ハウス、棚、農機具、農業機械などである。それぞれ、いろいろなタイプがあるので、的確に選ぶとともに十分使いこなすことが必要である。

「足跡は肥やし」――技術上達の秘訣

最も重要なのは、ブドウをつくる人の技術である。技術力をいかに高めていくか、著者の経験からその秘訣を述べてみたい。

●果樹のことは果樹に聞く

いくら豊富な知識や理論を身につけていても、ブドウ園の現状を知らずして上手な栽培はできない。病気や害虫は発生していないか、あるいは肥切れをおこしていないかなど、ブドウ園の現状を知るにはブドウ園に足を運ばなければならない。

しかも、行っただけではダメで、すみからすみまでよく観察することである。そうしないと「心ここにあらざれば、視れども見えず」のことわざのとおり、害虫も病気も発見できない。だから、園を観察するときは知識や理論を総動員し、目を皿のようにしてよく観察することが大切である。

そろそろべと病が出るころだと、その状況をみに行くとする。そのときは、毎年一番早く出る場所が決まっていたりするから、そんなところを一番先にみるというように、過去の経験を生かした観察が必要だ（図8）。

図8　仕事をしながら生育のようすや病害虫の発生などを観察する

●作業するから樹もみえてくる

しかし、観察だけで園に行くのはもったいない。ブドウ園に行くときは、せん定バサミ、せん定ノコを身につけるのが常識であり、誘引の道具やルーペも持っていくとよい。

私は、二丁ケースにせん定バサミと折りたたみノコか摘粒バサミをいれて、丈夫な1枚皮のベルトを腰に巻いて出る。せん定時には誘引なわを、新梢の誘引にはマックステープナーも持って出る。

同時に、ポケットにはいりやすいB6のノートとボールペンに、20倍くらいのルーペを必ず携帯する。また、必要ならマジックインクや巻き尺、数取り器なども加えた（図9）。これらを持ち歩くのに、夏はポケットの多いベストを着ることにしていた。

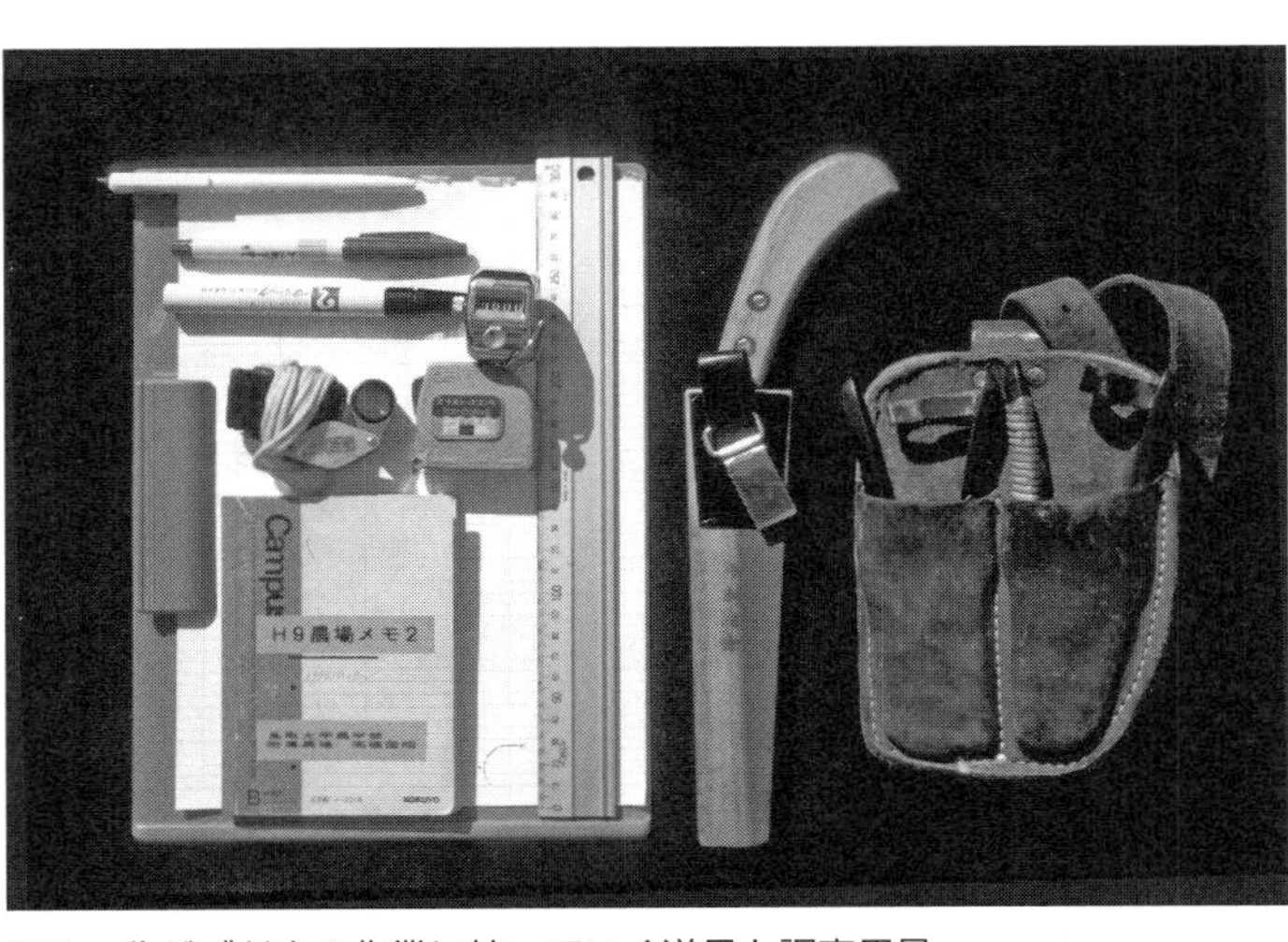

図9　私がブドウの作業に持っていく道具と調査用具

そして、樹勢、LAI、病害虫の発生状況、風害や鳥害など、気がついたことをすぐ記録するようにした。若いころでも、大切な情報をいつのまにか忘れるものだ。メモを時々出して目を通しておくと、次の観察を正確に判断できる。

園内にはいったら、誘引であれ摘房であれ、ただその仕事だけに気をとられていたのではダメである。

病害虫の発生についてはもちろん、葉色や生長の早さなどよく観察する。仕事しながらの観察は園全体におよぶので、見落としが少ない。「足跡は肥やし」である。

●作業のスピードは生育に合わせて

勤めていたころ、職員には同じ時間に他人の3倍の仕事ができるような能力を身につけるよう呼びかけた。それは、自分の業績を上げようとしたわけではない。

仕事というものは平均的な速さでできるものばかりではない。とくにブドウ栽培では、いかに忙しかろうと、GA処理は1～2日のあいだに終わらなければならない。摘房や摘果は早いほどよい。手伝いの人がこないかもしれない。そんなとき、仕事の速い人と遅い人では、当然のことながら結果が大きくちがってしまう。

短時間に正確に仕事ができる能力がないと、ブドウはなかなか上手につくれないからである。その能力がつくと、急ぐ仕事も早く終わる。そうすれば、時間に余裕ができるので、ゆっくりと休養できる。疲れていなければ本を読んだり考えたりする時間がとれて、よりいっそう能力を向上させることができる。

●ゆきづまったら栽培上手な人に聞く

栽培にゆきづまったとき、あるいは疑問が生じたときには、どうしたらよいだろうか。初心者の場合は、ブドウをつくっている人に聞くのがよいだろう。

栽培の経験が浅いときは、栽培書を読んでも専門用語などが多くて理解しにくい場合が多い。その点、栽培の先輩は、実物を前にして普通の言葉で教えてくれるから初心者でもよくわかる。

ある程度年季がはいっても、やはり迷いは出るものだ。そんなときは、すぐには聞かないほうがよい。それは、程度の高い疑問に正しく答えられる人が少ないからだ。まず自分の頭でじっくり考える。いろいろな栽培書を読むとか、雑誌の記事を読むなどして、できるだけ自分で解決する。

十分に努力しても解決策がみいだせなかったら聞くのがよい。その場合、聞くに値する人は誰かをよくみきわめてから聞くことである。また、関係する果樹の研究会などがあればすすんで入会し、技術の研鑽に役立てるのがよい（図10）。

私自身も、山梨県の土屋長男先生を何度も訪ねて教えを乞うたものである。それがたいへん役に立った。ブドウの栽培技術は技能であるから、よい師匠に巡り合うかどうかはきわめて重要なことのように思う。

●「百聞は一行に如かず」

「百聞は一見に如かず」ということわざがある。いうまでもなく、何度聞くより、一度実際に自分の目でみるほうがまさるという意味だ。

ブドウの最適LAIは4で、収量は大幅に増えると聞かされても、シャインマスカットのLAI4の園に3tの果実が立派に熟れているのをみるまでは、信ずることはできない。これが「百聞は一見に如かず」である。

しかし、それでは本当に信じたとはいえまい。実際にシャインマスカットを自分の園でLAIを4に高め、3tの果実をとってはじめて真実であることが実感できるはずだ。

聞いたり、みたり、本や雑誌で得た知識などが正しいかどうかは、やってみる以外にない。このことが技術を高めるポイントである。「百見は一行（いっこう）に如かず」である。

図10　ブドウのせん定講習会
講習会にはできるだけ参加する

測定器や作業用具を使いこなそう

●せん定バサミやノコはよいものを

果樹農家は、作業するときは必ずせん定バサミを携えるが、道具の良し悪しで果樹作業の能率はずいぶんちがう。道具は少々高くてもよいものをそろえたい。せん定バサミやせん定ノコに金を惜しまないことだ。

いまでは、充電式の電動せん定バサミまで販売されており、せん定バサミの種類も増えた。歳をとれば握力が落ち、普通のせん定バサミでは太い枝を切るのが困難になる。そういうとき、ラチェット式や電動せん定バサミは重宝である。

しかし、若いころは、和式か洋式のせん定バサミが小型で使いよい。私は和式を使っているが、冬季せん定時には1日に1～2回は研ぐようにしている。そのためには研ぎやすくて切れ味のよいハサミが必要だ。

左手で握りながら簡単に研げるよう、切り歯と受け歯の先がそろっている、1万円くらいする高級なハサミを使っている。趣味のブドウづくりなら高級品でなくても間に合うが、受け歯が広いものは握りながら研げないのでやめたほうがよい（図11）。

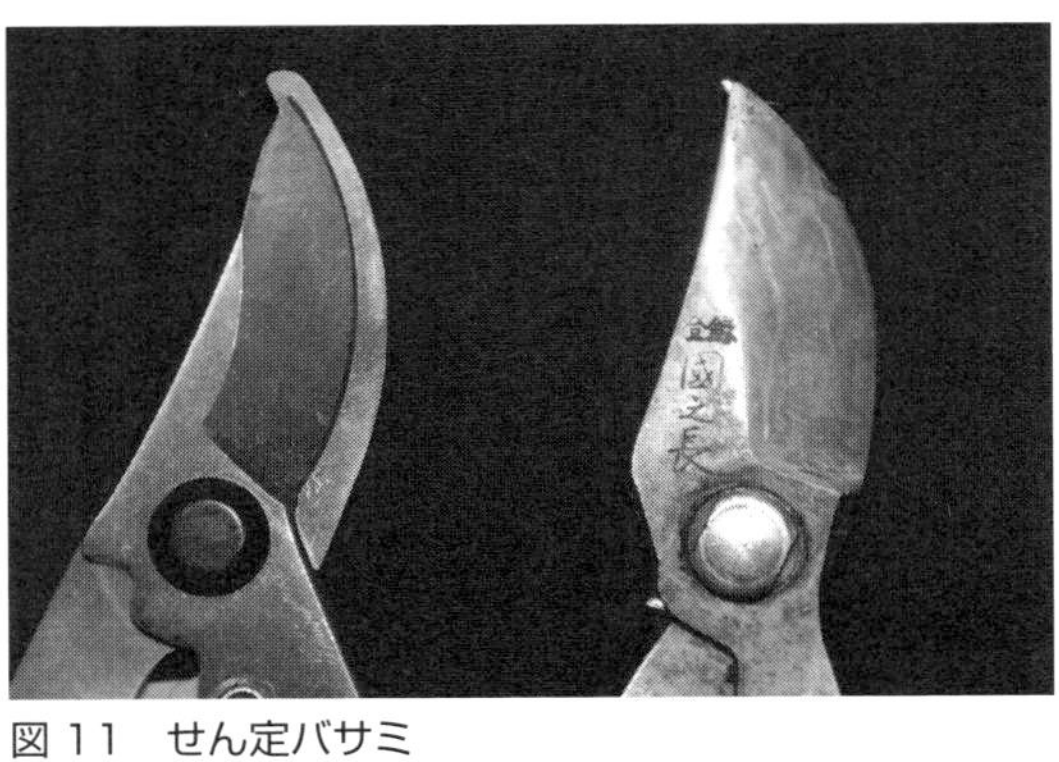

図11　せん定バサミ
左の受け歯では研ぎにくい

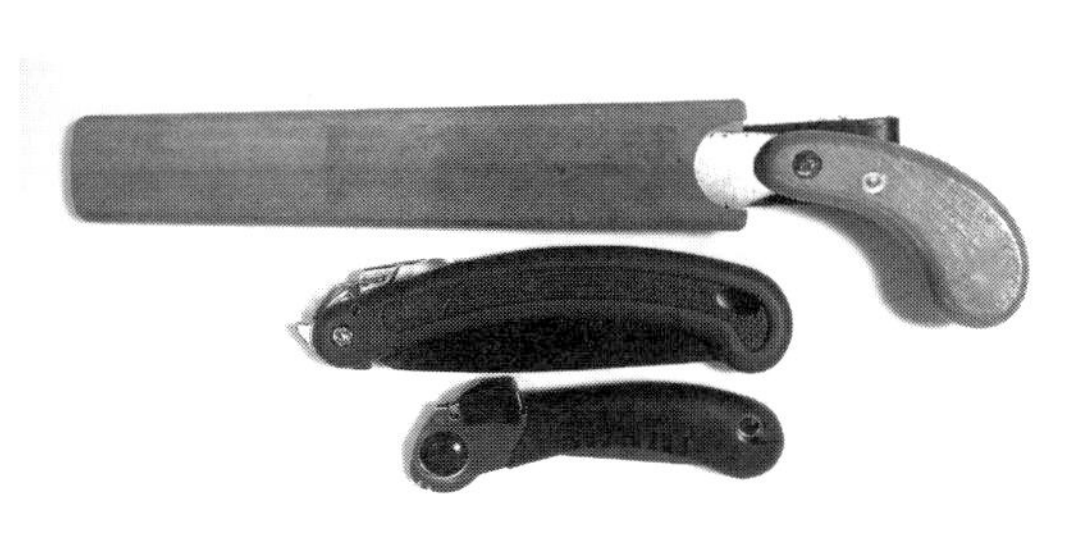

図12　せん定ノコ
折りたたみノコとケース付きノコ。折りたたみノコは下の大工用を利用してもよい

せん定ノコも安物には手を出さないほうがよい。せん定ノコは大工仕事とちがって、生木を切るのできしみやすい。ノコの刃は第一に目が粗いこと、第二に手元が厚く先にいくほど薄いこと、さらに、刃側が厚く背側が薄いものを選ぶのがコツだ。

また、ハサミとノコを同時に使うことが多いときは、両方を一つのケースにいれられるよう、ノコは折りたたみ式が便利である。ちなみに、大工用の道具にもこのような構造のノコがあり、大きな枝を切らないかぎり使いやすい。

ノコも、年に一度はヤスリで目立てすべきだが、できない人は刃を付け替えることができるものを使うとよい（図12の中）。

摘果バサミも、農業用より金属を切ることができる工業用のほうが、切れ味はよく長持ちすることを知った。ためしてみる価値はある。

ところで、ブドウで大切な誘引の効率を上げるにはテープナーが便利だが、もう少し壊れにくく改良してもらいたいものだ

●機械や装置を使いこなす

ブドウは棚づくりだから、棚下で作業できる器具を上手に使うことが大切だ。防除には動噴やスピードスプレーヤ、土壌改良にはバックホー、オーガー、トレンチャーなど、灌水には太陽パネルポンプ、散水ホース、スプリンクラー、点滴灌水装置、加温するなら暖房機、多層カーテン装置などが必要だ。

これらの機械装置は、高価なものが多いので、ブドウづくりを始めるときには、中古品のよいものをよく選ぶとか、自分でできる装置は組み立てるとかする努力が必要だ。国の事業で補助が出るものは積極的に活用しよう。

なお、機械を使いこなすには、それらの使い方をよく知らなければならない。購入するときによく聞くことと、説明書は必ず熟読する。専門家や使っている農家に納得いくまで教わり、あらかじめ練習することが大切である。

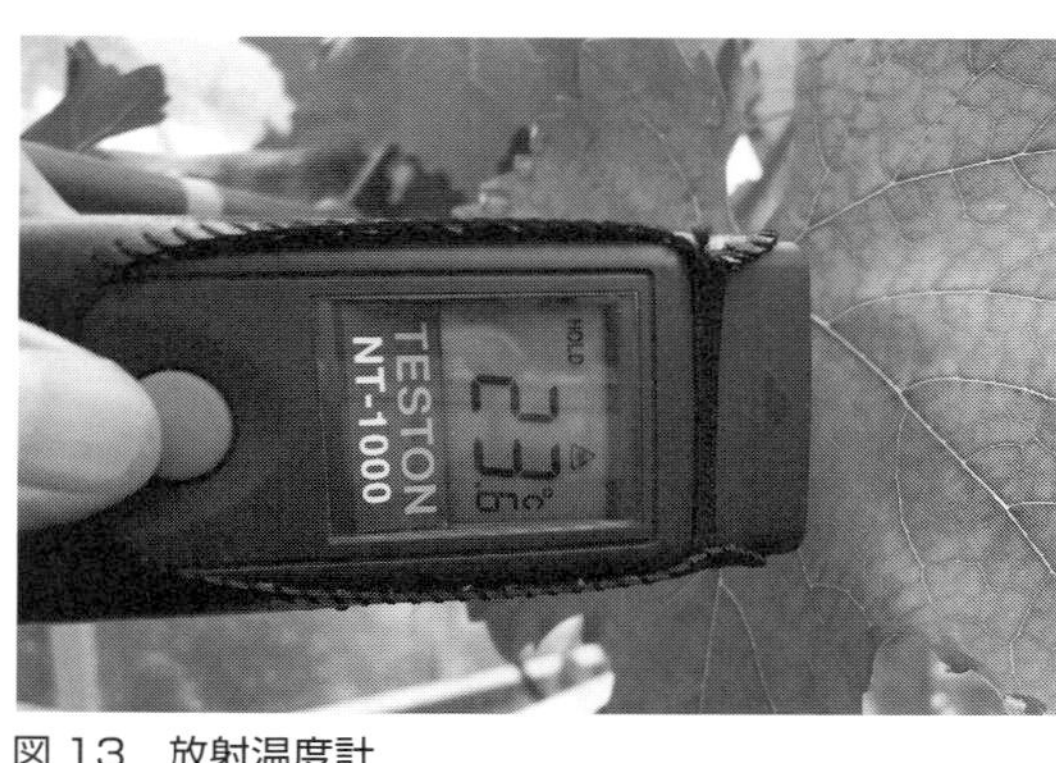

図13　放射温度計

●科学測定器を利用しよう

果樹の技術では人の五感をとぎすます技能が大切であるが、それを確信にして技術に高めるには、科学的なデータも重要である。データを知るために開発されたのが測定器具だ。

日射量や照度、温度、湿度、風速などの気象条件や重さを測定する器具は、40年前ごろに研究で使われた精度のものは10万円以上していた。ところが、同じ精度のものがいまでは２０００円くらいで買えるようになっている。

放射温度計なら、ハウス内の気温と地温、葉や果実、枝の温度を簡単に測れるので、日焼け果は、果実が高温にさらされたためであることなどを知ることができる（図13）。

生育や作業の判断に重要であるＬＡＩ値を知るためには、照度計か日射計を使う。ＬＡＩのちがいと葉温や果実温との関係などは、放射温度計で測ることができる。

肉眼でみえないサビダニやスリップスなどがみえる、数十倍から２００倍くらいの顕微鏡は２０００円以下で買える。

これからは、果実は糖度表示があたりまえになってくるだろう。そうなれば、糖度を測定する器具は必要不可欠である。屈折糖度計なら１万円台で買えるので必需品といってよいが、果汁で測るため果粒を潰す必要がある。

現在は赤外線による非破壊糖度計が開発され、個人でも使えるような器具が売られている。少々値は張るが、糖度を表示できるので販売に有利である。経営状況と相談して購入するとよい。

果樹園の造成と植え付け、若木の管理

これまで大きな果樹園を4園つくってきた。一つは島根農試浜田分場の移転拡充にともなう2.7haの階段果樹園。二つめは、同じく本場の果樹科の傾斜平坦果樹園11ha。三つめは、JA雲南の平坦ハウス専用果樹園1ha、および水田と熟畑を統合した1haの果樹園である。その経験をもとに、果樹園造成のコツについて述べてみたい。

（原野から開墾する場合）

●排水の悪い土なら傾斜をつける

わが国の原野は地形が悪いので、大規模な果樹園造成には、ブルドーザーやスクレーパーなどの大型機械造成になる。したがって、できあがった土地は肥料分がまったくない更地になる（図14）。

地形は、砂地、砂壌土、黒ボクのような透水性のよい土なら水平にならすのが普通である。しかし、重粘土や真砂土のように透水性が悪かったら、表面排水を考えて傾斜をつけるのがよい。そのときは、機械が転倒しない程度の4〜5度にする。そして、あまった樹皮などの有機物（生の有機物でもよい）を準備できるなら全面に散布し、大型のバックホーで50cm程度に混ぜ返すとよい。

図14　大規模造成はブルドーザーやスクレーパーが活躍

●ハウス前提なら平坦に、露地では暗渠排水が必要

ハウスにすれば雨水の排水に気をつかう必要はないので、土の種類にかかわらず平坦にならす。そして、土壌改良もブドウを植え付けるところだけ行なえばよい。ハウスで、点滴の自動灌水装置などを利用するなら、植え穴を掘ってから、樹冠の広さに応じてブドウ園の4分の1程度まで40cm程度深耕する。

養液土耕栽培を前提にするなら、植え列に溝を掘るように植え穴をつくるのが合理的である。そのときは、点滴ホース1本当たりの幅を50cmにする。4本なら2mである。いれる肥料や堆肥は同じで、深さは30cmくらいあればよい。しかし、長梢せん定では樹冠が大きくなりやすい。10a当たり10本以下のように広がったら深耕範囲を広げ、点滴ホースは渦状に植え穴の大きさに合わせるとよい（図37参照）。

安価な点滴ホースは、傾斜があると低いところほど多く出るので、点滴量が均一になるよう、園地はできるだけ水平につくる必要がある。傾斜地なら等高線に沿ってつくるのがよい。

スプリンクラーや散水ホースを使うなら、露地栽培と同様に牛糞堆肥などを十分に施して、土とよくかき混ぜて肥沃化する。

露地園なら、深さ1m程度の暗渠排水溝を傾斜に沿って10〜15m間隔でいれる。方法は次項で述べるが、排水量が多いような場合には、コルゲートパイプを溝の底にいれるとよい。

●露地ではモミガラで土壌改良を

土の透水性が悪いのは、土の粒子が小さいためである。したがって、粒子の荒い砂を土に混ぜるのがよいが、かなりの費用がかかる。

比較的安上がりな方法は、モミガラを使うことである。モミガラはあらかじめ溝を掘る予定の地面にばらまいておき、その上からトレンチャーで掘る。モミガラの量は、土の性質にもよるが、1袋（約15kg）を幅50cm、深さ50cm、長さ1mに混ぜるのがよい（図15）。

バックホーで掘る場合は、モミガラと土がよく混ざるように、数回混ぜ返す。こうすると、少なくとも10年間は排水効果が持続する。

図15
トレンチャーによるモミガラを混ぜながらの溝掘り
シノダケも溝にいれる

実際の作業は、深耕とあわせて行なうと効果的である。土量1㎥当たり、牛糞樹皮堆肥200kgとモミガラ60kgを施して深耕するとよい。注意しなければならないのは、必ず暗渠につなぐことである。そうしないと、深耕したところに水がたまって逆効果になりかねない（図16）。

図16
開墾地でのバックホーによる溝状深耕

●傾斜地は草生栽培

やせ地や粘質土あるいは傾斜地では、草生栽培が適している。土のなかの有機物は毎年1tくらい消耗する。若木で、棚面が比較的明るいときは、イタリアンライグラスやムギなどを植え穴以外の全面で栽培する。これらの地上部だけで、数百キロの有機物を生産する。また、草が生えていると、土が柔らかくなり土への空気のはいりもよいし、エロージョン防止にもなる。

しかし、最適LAI（エルエーアイ）の園では棚面が暗くなるため、棚の脇など光がはいるところ以外はほとんど草が生えない。したがって、牛糞樹皮堆肥などを敷きつめて、エロージョン防止と土壌の肥沃化をはかる。

（水田や熟畑からの転換園の場合）

●土地は集積して
土地生産性と労働生産性を高める

わが国の個人農地は、大型機械化によって水田では集積がすすんでいるが、畑地は分散している場合が多い。これからのブドウ経営にとって、土地生産性（反収増）の向上と同時に、労働生産性（時間当たりの収量増）を高めることが重要になってくる。そのためには、ブドウ園を1カ所に集めることが必要になる。

それぞれの地方の事情によってちがうが、農地の交換分合や購入などによって1カ所に集めるようにしたい。一時期にくらべると農地の単価はかなり低くなっているので、購入しやすい。図17は8カ所の田畑を集積して約1haに造成したところで、図18はその2年後の姿である。

●水田や熟畑でも排水を重視する

水田や野菜畑の透水性はよいのが普通だが、

図 17　8 カ所の田畑を集積して約 1ha に造成

図 18　図 17 で造成した果樹園の 2 年目

万一悪ければ更地と同様に改善する。

土壌は肥沃なので、植え穴以外はとくに肥沃化することはない。植え付け後10年近くは深耕する必要はないくらいである。ただし、久しく耕作していない放棄地などでは、深耕しなければならないこともある。

わが国の平坦地は可能なかぎり水田にされた。したがって、水田は平地部では田畑転換ができるように構造改善されたところを除き、地下水の高いところが多い。

ブドウは乾燥に強い。地下水があっても動いていればよく生育する。しかし、地下水が高いところは、排水対策をしておくほうがベターである。園の周囲に溝を掘るのが最も効果的だが、周囲に明渠を掘りめぐらすと、果樹園面積が狭くなるとともに、溝さらいや草刈りなどの作業が多くなる。したがって、暗渠排水溝を設置するのがよい。

場所にもよるが、河川があり排水できるところまで、10～20m間隔で、深さ1mくらいに掘るのがよい（図19）。

図 19　水田の暗渠排水工事
掘った溝にモミガラをいれているところ，底にはコルゲートパイプをいれる

●全体が平坦な園をめざす

よほど広い平坦地でないかぎり、水田も畑地も段差があるところが多い。そんなときには、表土処理を行なって全体を平坦にしておくのがよい。中型のブルドーザーでならしてもらえば、比較的安上がりにできる（図20）。

図 20　ブルドーザーで平坦にならす

図18の園は、約1haの果樹園であるが、3区画に分けてある。1haの土地を1枚の果樹園にするとなにかと不便であるし、あいだに軽トラがはいるよう、幅が3~5mくらいの道をつくっておくと、作業能率が上がる。

水田の道路は、水田面より高くつくるのがベストである。ところが、畑地は逆で、畑面より低くつくるのがベストである。畑地に表面水がたまらないようにするためで、この点が水田と畑地の道路のつくり方のちがいであり、樹園地も畑地と同じである。

植え穴のつくり方

果樹園が造成できたら、植え付け準備にとりかかろう。造成しなくてもよいほどの広さのある熟畑は、そのまま果樹園にすればよいだろう。

●植え付けの手順

ブドウの植え付け時期は、葉が落ちてから芽が出るまでの12月から3月ごろまでならいつでもよい。ただし、これは日本海側のように、冬に土が湿っているような地域のことである。なお、早く植える場合は、苗をわらなどで覆って寒風から守るようにする。表日本のように冬に雨が少ない地域では、2月下旬ごろに植えるのが無難である。早く植える場合は、芽が出なくても灌水を行なう必要がある。

植え穴づくりはできるだけ早いほうがよい。排水対策などが必要なら、それらを先にやり、つづいて植え穴をつくる。

造成地なら、造成が終わりしだい植え穴づくりを始める。熟畑や水田転換地なら、夏が終わればつくってよい。早くつくれば堆肥や肥料が土とよくなじみ、ブドウの生育によい。

●植え穴の大きさ

早期成園化のため、最終的に残る本数より多く植え付けるのが普通である。植え穴は永久樹では大きく、1.5×1.5m~2×2m四方で深さ40~50cmくらいがよい。それに対し、間伐予定樹では1×1mで深さは40cmあれば十分だ。

ブドウは永年作物だが、早期成園化技術をうまく使うと、2年目に数百キロの収量を得るのは可能である。早期成園化にはおもに二通りの方法があり、一つは密植する方法で、10a当たり60本以上、多い場合は100本も植える。もう一つの方法は永久樹になるものだけを15本から20本植える。

今では、前者の方法は苗木代がかかるので、永久樹の予定数の2倍程度の30本から40本植えるのがよいと思う。このときの植え穴は、永久樹は大きく、間伐予定樹は小さくするのがよい。

永久樹だけなら、植え付けた年に素晴らしく生長させ、2年目には棚全面を覆うようにする。そのためには、植え穴は2×2m四方と大きくし、十分に肥沃にしておく必要がある。

もし、庭先などに植えたい場合は小づくりにするため、植え穴は直径30~50cmの円形で、深さ20~30cmあれば十分だ。大きな植え穴にすると、枝ばかり伸びて果実がなりにくい。ちなみに、軒先でつくるときは60ℓくらいの鉢に植えるとよい。

●堆肥や肥料を十分いれた植え穴をつくる

ブドウは永年作物だからすぐには実がならないが、経営上できるだけ早く収穫したい。ブドウはうまく育てると、2年目から実がなり生産費を上回る売り上げが可能だ。そのコツは、1年目に枝を十分伸ばすことである。そのためには、よい植え穴をつくることにつきる。それではどんな植え穴がよいのだろうか。

植え穴の役割は、ブドウが生長するのに必要な窒素、リン、カリなどの肥料養分と水分をたえず十分に供給することである。そのためには、肥料養分と水分を保持するため、よく腐熟した堆厩肥を必要量施し、よく土と混ぜなければならない。

表1は、水田転換や熟畑に植える場合の、植え穴への施用量である。もし開墾地のやせ地なら、この2倍程度必要である。

表1　水田転換や熟畑の植え穴に施す土壌改良材と肥料

項　目	施用量	備　考
大きさ	1×1m 深さ 50㎝	植え穴の位置に印をつける
完熟牛糞樹皮堆肥	30kg（角スコップで約15杯）	植え穴の範囲にまく
苦土石灰	2kg（約1.2ℓ）	堆肥の上にふる
ナタネ油粕	1kg（約2ℓ）	同上
高度化成肥料	300g（約300cc）	同上
備　考	この植え穴は0.5㎥である。施す量は掘り上げる土の量に対して決めるのがよい。したがって，植え穴の堆積が1㎥であれば，この表の2倍施すことになる	

植え穴のつくり方は以下のように行なう。まず、穴を掘る前に、堆肥や肥料を、植え穴を掘る範囲に敷きつめる（図21）。そして、スコップで混ぜながら植え穴を掘り上げ、混ぜながら埋めもどすのである。こうすることによって、土と堆肥や肥料がよく混ざる。

バックホーなら作業が早いが、その場合は土と堆肥や肥料がよく混ざるように数回以上は混ぜ返す（図22）。バックホーがないときは、リースして使えば安上がりだ。

これだけ肥沃化しておけば、植え付けてから3年くらいは深耕の必要はない。ただ、植え穴の範囲だけでは、永久樹では土量が不足するので、3年ぐらいかけて4×4m程度まで深耕の範囲を広げる（つまり、植え穴の範囲を広げる）。

数年後樹勢が弱るようであれば、タコツボによる再深耕を始めるが、それでも樹勢が弱くなるようなら、深耕範囲をさらに広げればよい。

●ブドウは乾燥に強い

ブドウはオリーブに次いで乾燥に強いが、植物は水がなければ生きていけない。植物が物質を1gつくるのに必要な最小の水の量を、要水量と呼んでいる。学生実験で行なったデラウェアの要水量は次のとおりである。

無加温ハウスで3月8日から10月12日まで栽培したデラウェアの要水量は、物質1g当たり218mℓであった。これをブドウの物質生産量（純生産量）とLAIとの関係式（$Y=254+257X-7.87X^2$　Y：純生産量、X：LAI）から、LAI4のデラウェアの必要灌水量を計算すると、約266t、雨量にして約270㎜である。

灌水した水の量をデラウェアが全て利用することができたとすれば、10a当たり266tの水があればよいことになる。実際、スペインのラ・マンチャ地方のブドウは、250㎜の雨量で生育しているといわれている（図23）。ただし、LAIは1程度と低い。

わが国の雨量は平均1700㎜程度とはるかに多いので、通常の露地栽培では灌水の必要はない。しかし、ハウスや雨

図21
植え穴を掘る範囲に堆肥や肥料などを敷きつめる
まず，植え穴の範囲に堆肥を敷きつめ，その上に必要な肥料をまき，土とよく混ぜながらスコップやバックホーなどで植え穴を掘り上げ，混ぜながら埋めもどす

図22
バックホーで肥料と土をよく混ぜて植え穴をつくる

図23　スペインのラ・マンチャ地方の樹齢100年以上のブドウ

よけ栽培では雨がはいらないため、灌水が必要であるのは当然として、近年の常態化した地球温暖化の気象条件を考えると、露地栽培でも灌水は必要になっているように思う。

苗木選びの鉄則

●早めの注文、苗木代はケチらない

ブドウには、枝膨病（えだぶくれ）、つる割病、根頭がんしゅ病という、防ぐことがむずかしい病気があり、苗木で広がるおそれが大きい。したがって、これらの病気がついていない苗を選ぶことがきわめて重要で、信用の高い苗木商から購入する。

そして、できるなら植え付けの1年前に注文するのがよい。植え付け直前になって注文すると、自家生産苗がないときには、ほかから回された苗を買わされる可能性があるからだ。また、苗木代をケチる人がいるが、ブドウは永年作物であるから、まちがった品種にあたると損害は莫大なものになるので、要注意である。

なお、すぐ間伐する苗は、自根苗を購入するか自分でつくるとよい。許諾の必要な品種もあるので、必要かどうか確かめること。

●新品種やフリー苗は検定書つきのものを

新品種を植え付けたいときは、注意が必要だ。新品種をつくった人の権利を守るため、種苗法によって登録された品種を勝手につくると違法になるので、育成者の許諾を受けた苗木業者から購入しなければならない。

現在、ブドウは自分の園での使用にかぎり、自家増殖は認められている。しかし、登録されている品種の穂木や苗を、譲ったり販売することはできない。種苗法は改正されることがあるので、登録新品種を増殖するときは、研究機関や普及機関に問い合わせるのがよい。なお、登録期限が切れた品種は自由に増殖できる。

現在のブドウの苗木はほとんどウイルスフリー化されているので、フリー苗を購入するのがよい。ウイルスに侵されていると、着色が悪くなったり、甲州の味なし果のように、糖度が高まらないなどの症状が出ることがあるからだ。

ウイルスは樹液によって広がるので、穂木か台木かのどちらかにはいっていれば、いずれ樹全体にまん延してしまう。ウイルスフリー苗は穂木も台木もフリーであり、かつ検定書のついた信用のおけるものを購入する。

ウイルスフリー苗を購入しても、アブラムシのように樹液を吸う害虫によって、ウイルスに感染するおそれがあるので注意する。弱毒ウイルスがはいっていると、障害をおこす強いウイルスに感染しにくいので、フリー苗よりいい場合もあるので、ブドウ仲間や研究・普及機関などに問い合わせるとよい。

植え付け本数と植え方

●早期多収をねらって密植にしすぎない

早期成園化をめざすと、10a当たり100本近く植える方法がある。たしかに早くから収量を上げることはできるが、苗木代がかかるうえ、2～3年のうちにLAIは最適値の4をこえて5以上になる。下葉は落葉し、新梢は伸びて夏季せん定で大量に落とさざるを得ない。まさに薪（たきぎ）づくりだ。

そんなことをしなくとも、肥料分がほとんどない開墾地であろうと、水田や熟畑からの転換園であろうと、よい植え穴をつくることができれば、植えた年のブドウは素晴らしく生長する。

そのためには、植え付けた年には硫安などの速効性肥料一握りを、半月ごとに夏ごろまで施す必要がある。ただし、施すときには土が湿っていることが絶対条件である。乾いているときは、灌水するか雨を待って施す。

そうすれば、品種にかかわりなく、10a当たり40本程度で、2年目に反収1t収穫するのはそんなにむずかしくない。

●適正な植え付け本数の決め方

10a当たりに植え付ける苗の本数を決めるには、前もって最終的に残ると考えられる本数を推定する必要がある。残る本数は樹冠の大きさに左右される。1本の巨峰が火山灰土の畑で800㎡に広がっているのをみたことがあるが、ブドウの樹冠は土の肥沃度や深さ、土壌管理の程度や作型などによって大きくちがう。

地下水の高い水田に畝をつくって栽培するような場合は30本以上残るだろうし、肥沃地では数本しか残らないかもしれない。いずれにしても、植え付けるときに最終的な樹冠の大きさを正確に予測することはむずかしい。

そこで、似たような条件の成木園があれば、見学に行っておよその見当をつけるとよい。そういう園がないときは、各県の指導指針などの数字を目安に、実際にはその2～3倍の本数を植え付けておけば無難である。

普通の土なら、デラウェアや巨峰は20～40本、ネオ・マスカット、シャインマスカット、甲斐路などは15～30本で出発するのがよいだろう。やせ地では多く、肥沃地で少なめに植える。

密植で最も注意しなければならない点は、思い切って早めに間伐することである。もし、それができないと、薪づくりになってしまう。なお、十分肥沃化した植え穴なら、1年目で7×7mのダブルH型短梢の樹冠をほぼ埋めることができる。

●深植えは絶対さける

ブドウにはフィロキセラという根につくアブラムシがおり、自根樹の根にはよくついて樹勢を衰弱させる。そのため、永久的に残す樹はフィロキセラ抵抗性の台木に接いだ苗を用いる。

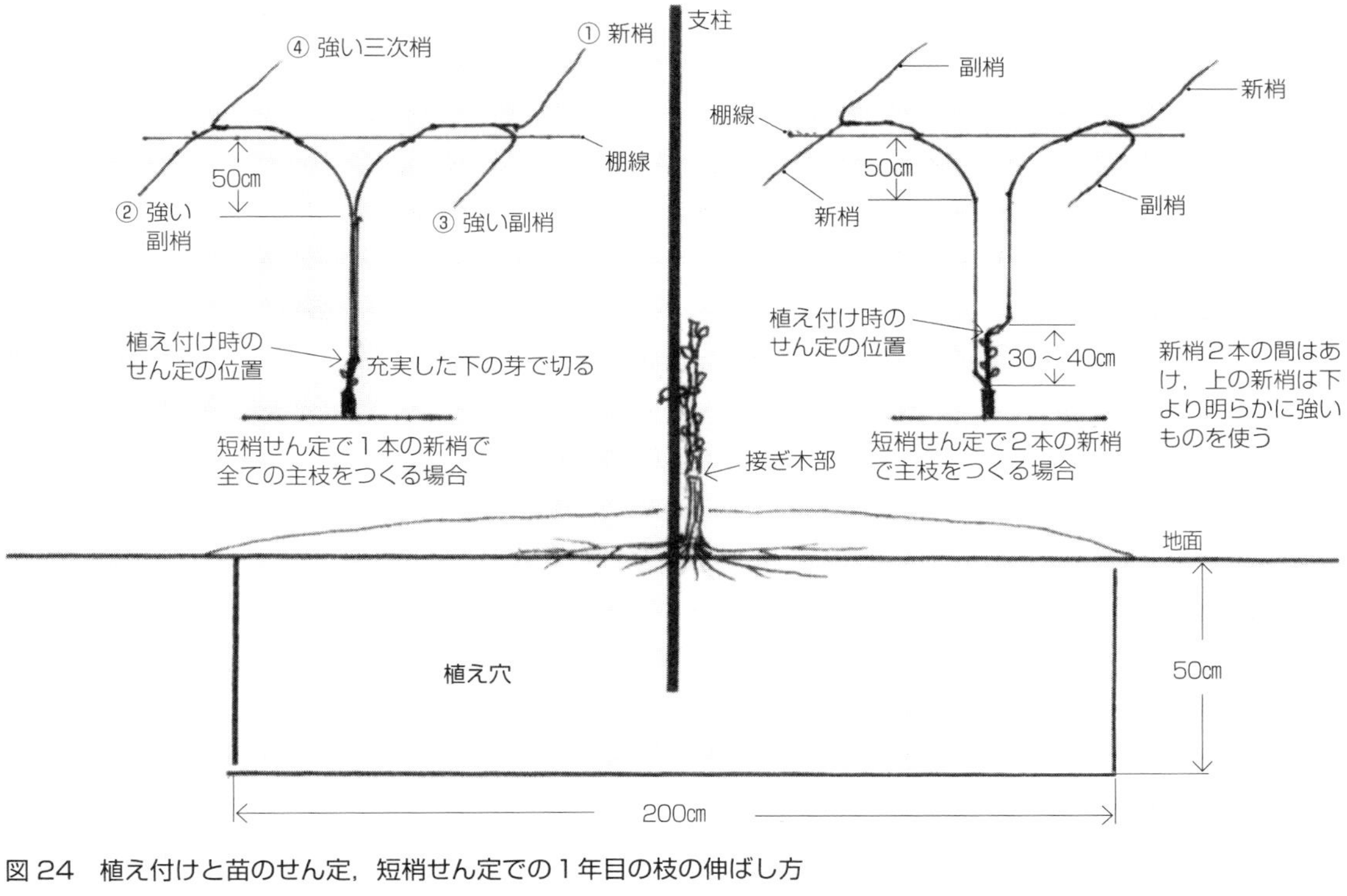

図24　植え付けと苗のせん定，短梢せん定での1年目の枝の伸ばし方

接いだ部分が地面より下にあると、穂木から根が出て台木の役割をはたせない。だから、接ぎ木部が地面より上になるよう、よく考えて植え付ける（図24）。

●植え傷みや深植えにならない植え付け方

植え傷みのおもな原因は苗木の乾燥である。苗が送られてきたら、とりあえず水に浸けて給水させ、排水のよい土に仮植する。そして、植え付け前夜から、再び一晩水に浸けてから植え付けるのがよい。

植え付けに当たっては、まず植え付け位置に棚に届く長さの支柱を立てる。そして、苗木の台木の下から根が多く出ていたら、それより上から出た根は切り取る。もし下の根が少ない場合は残すが、穂木から出た根は残さないよう注意する。太めの根の先端がささくれていたら、切りもどしておく。

図25　スプリンクラー被害防止の囲い

まず、苗を支柱に寄せて8の字になわで結わえて固定する。根は四方八方へ広げて5㎝くらい根が埋まるよう土をかけ、根と土が密着するよう軽く踏みつける。そして、たっぷりと灌水する。

植え穴を掘ってから時間がたつと、膨らんだ土が落ち着いて水平に近くなる。この場合は、そのまま地面に根を広げればよい。しかし、植え穴をつくってすぐ植えるときは、盛り上がった土の上に根を広げて、土をかぶせて植え付ける。盛り上がった土を水平部分まで除いて植え付けると、2〜3年たつと沈んで深植えになるので注意する。

ハウスや排水がきわめてよい砂地などでは、深植えになっても接ぎ木部が出るよう、土を取り除けばよいので、深植えにあまり神経質にならなくてもよい。

なお、スプリンクラー装置がある園は、スプリンクラーの水が苗から伸びた新梢に当たらないようビニルで囲んで保護しておく（図25）。

（2年目から高収量を上げるには）

●植えた年に新梢を十分に伸ばす

幼木時期はあまり伸ばさないで、かたく育てるべきだという意見がある。生長が旺盛であると結実性が悪く樹の寿命が短くなるという。しかし、それでは初期の収量が低く、多額の投資を回収するのに時間がかかりすぎる。また、近ごろのように新しい品種が次々と出るような時代に、樹の寿命が長いことがはたして必要かという疑問もおこる。

それでは、植え付け後の生長が旺盛だと、その後の結果が悪いのだろうか。遅伸びや二次伸長があるとよくないが、初期から旺盛に伸びていれば、秋までに十分充実するので問題ない。それどころか、初期収量を上げるには、植え付けた年の生長がよくなければならない。生長が悪いと棚面が早く埋まらないからである。

ブドウは果樹のなかでは最も生長が早いから、植えた年に十分に新梢を伸ばし、少なくとも2年で全園を覆ってしまうようにする。

●半月ごとに1本当たり硫安一握り施す

新梢を十分伸ばすには、苗が生長しはじめたら、露地栽培では半月か20日おきに1本当たり硫安一握りを施しつづける。しかし、雨が降らなければ効かないので、雨の降り方をみながら施す。

ハウスなら灌水装置があるので、7〜10日おきに半握りを植え穴の上にばらまいてやる。そうすることによって、H型、ダブルH型にかかわらず、少なくとも2年目には樹冠を完成させることができる（図26）。

長梢せん定でも同じで、1年目に4本の主枝を残せるように伸ばすことが、早期成園化のポイントである。

図26
ダブルＨ型整枝のシャインマスカットの１年目の生育
新梢は十部に伸びており，２年目には樹冠を完成させることができる

●こまめな誘引が枝を伸ばすコツ

新植園では新梢が支柱からはずれてぶら下がり、地面をはっているのをよくみかける。また、棚に上がった新梢の先端が棚の下にぶら下がっているのもよくみかける。

ブドウはつる性だから、なにかに絡みつかないと垂れ下がってしまう。植物は地面に対して垂直になるほどよく伸びるという性質をもっていて、ブドウも同じである。したがって、棚に上がるまでは支柱にきちっと誘引するとよく伸びるし、棚に上がった新梢は棚線に誘引すると伸びがよい。

新梢が20cmをこえたころから夏の終わりごろまでは、1日に2～3cmも伸びるので、週に1回以上園をみてまわり、棚から垂れないようこまめに誘引する。短梢の平棚栽培では、棚下15cmくらいに19mmのパイプを吊り下げて主枝を誘引する。そうすることによって、新梢の折れを少なくできる。このパイプに新梢の腋芽が水平になるよう、テープナーでこまめに誘引しなければならない（図27）。

図27　短梢せん定の主枝にする結果枝は，腋芽が水平方向に向くようこまめに誘引する

●苦土が土中にあっても苦土欠に
―ほっておくとそのうち治る

1年目に枝を十分伸ばすようなつくり方をすると、1～3年目に苦土（マグネシウム）欠乏が発生しがちである（図28）。植え穴に苦土が十分あるのに発生する。苦土はリン酸と同様、吸収されにくいので、苦土が土のなかに十分あっても、生長が旺盛すぎると吸収がおいつかず欠乏症があらわれるのである。

しかし、かなりひどい苦土欠乏が出ても、まだ果実はないので、ほっておくとそのうちに治ってしまうから、あまり神経質になる必要はない。

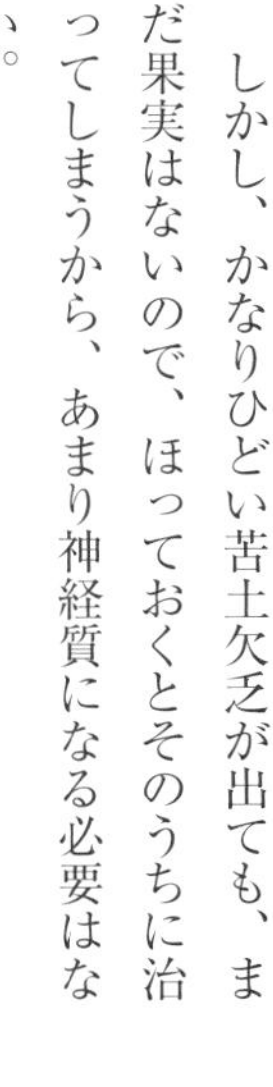

図28　巨峰の葉の苦土（マグネシウム）欠乏症状

新植園では こんな病害虫に注意

●クロヒメゾウムシとブドウハマキチョッキリ

新植園ではブドウスカシバやブドウトラカミキリのような、ブドウの有力害虫の被害もあるが、普通ではあまり問題にならない虫が、大きな被害を与えることがあるので注意が必要だ。

よく被害を受けるのがクロヒメゾウムシ（図29）やブドウハマキチョッキリ（図30）である。クロヒメゾウムシは体長が5～8㎜で、ブドウハマキチョッキリは4㎜前後と小さい。

これらはいずれもゾウムシで、長いくちばしを新梢の茎や葉柄に差し込んで食害する。ひどいときにはそこからちぎれてしまう。ちぎれないまでも、被害部はへこんで赤くなるからわかる。虫が小さく個体も少ないので、みつけるのがむずかしいが、被害で判断することは容易である。これらの害虫は、5月上旬から6月上旬にかけて発生するので、みつけしだい防除する。

図29　クロヒメゾウムシ

図30　ブドウハマキチョッキリ

●スズメガ類、コガネムシ類

ついで、スズメガ類（図31）も要注意である。しっぽがある青虫で、幼虫は6月と9月に発生する。とくに6月の被害には気をつける。そのころは、まだブドウ樹が小さいのに、葉だけでなく、主枝にするはずの茎まで食べてしまうからである。そうなると、摘心したのと同じように、新梢の伸びが一時的に停滞し、樹冠の拡大が思うようにいかなくなるし、第1主枝がうまくとれなくなる。

そのほか、コガネムシ類なども危ない。とくにドウガネブイブイは、身体も大きく食害も多い。この害虫も新梢の先端部を食べて摘心するから、捕殺するか防除を徹底する。

図31　スズメガ類（ブドウコスズメ）の幼虫

休眠期の作業

休眠期には土壌改良、施肥、せん定などの重要な作業が行なわれる。この期間は比較的長く、作業の集中度が比較的低いので、じっくりと一つ一つの作業を正確にすすめたいものである。

（むやみな深耕は骨折り損）

●深さは40〜50㎝で十分

開墾地なら、土地はやせているのが普通だから、排水も兼ねながら土壌改良をしなければならない。どのようにすればよいのだろうか。

以前の深耕方法は、植え穴から順次広げ、全園を1m近く掘って、粗大な有機物を大量にいれるのがよいとされていた。

山梨県の扇状地のブドウ園は、砂地で深いところまで柔らかく排水もよい。そうしたところのブドウの根は、1mどころかもっと深くまではいっている。しかし、粘質の普通の土では深く深耕しても、根はあまり深いところへ伸びてくれない。地下20〜30㎝の範囲に多く出るのが普通なので、一般的には40〜50㎝くらい掘れば十分である。ただし、排水の悪い土なら暗渠排水溝も掘っておく。

●園全体を深耕すべきか

植え付けた後は、植え穴の外側を年々掘り広げるが、園全体を深耕しなければならないのだろうか。

開墾地のような肥料分の少ないところでは、樹勢をみながら幹周囲を掘り広げる必要があるが、樹勢が落ち着いたところでやめる。

しかし、灌水設備が完備していれば、園全体の4分の1を掘れば十分である。掘り方は、永久樹の植え穴を中心にして毎年外側へ掘りすすみ、深耕面積が園全体の4分の1になったところでやめる。その後は、また元へ返って再深耕する。

植え穴は、円形でも四角形でも掘り広げるのは、各自の都合で3〜4年かけて行なえばよい（図32）。後ほど述べるように、樹ごとにらせん状に点滴灌水する場合は、樹を中心に掘り広げる。H型短梢せん定のように、複数本の点滴ホースをはわせる場合は、植え穴は四角形にし、隣とつづくように掘りすすめるとよい。

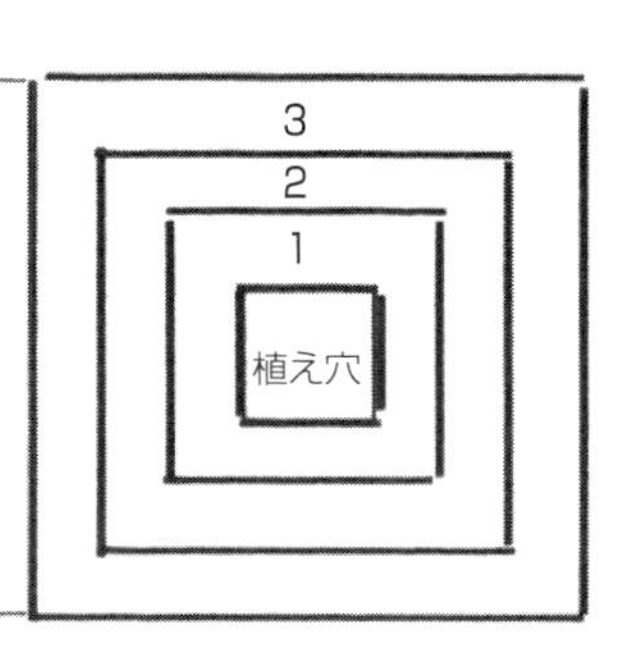

図32　植え穴と深耕の順序
中心の枠は植え穴で，番号は深耕年次

深さは、スプリンクラーや散水ホースを利用するときは50㎝程度がよく、点滴灌水なら30㎝程度でよい。

●肥沃地の深耕は樹勢が落ち着いてから

水田や野菜畑から転換したときでも、やはり掘らなければならないだろうか。水田の作土には、窒素だけでも100~200kgも含まれている。それが、徐々に無機化して効いてくる。そのため水田や畑地から転換したブドウ園では、数年間は窒素を施さなくても、よく生長するほどである。

水田はこのように肥沃であるが、急速に酸性化してくることがあるので、酸度を調べて炭酸石灰や苦土石灰などを毎年施す必要がある。

水田や熟畑、あるいは火山灰土壌のように肥沃な場合は、植え付け後すぐの深耕は必要なく、樹勢が落ち着きはじめる数年後から始めればよい。そのときには、よほど耕土が深く排水がよい場所を除き、天地返しをしてはならない。なぜなら、肥沃な作土を深いところへいれても、根がそこまではいらないからである。

●深耕は収穫1カ月後から

深耕の時期は、落葉してからがよいとされている。しかし、露地栽培で2カ月間隔で断根して樹の生長への影響をみると、4月と6月の断根では生長に遅れがみられたが、8月から2月までの断根では悪影響がみられなかった。したがって、ブドウの深耕は収穫後1カ月たてば行なってよい。

ブドウの根は、収穫期に生長をいったん停止する。収穫後は、秋根が出て地温が13℃以下になる落葉後まで生長をつづける。この秋根は、翌年のために肥料養分を吸収し、貯蔵養分として貯蔵する。収穫後に深耕すれば根の切り口から新根が多数発生し、翌年の初期生長をよくする。

(少ない有機物を最大限に生かす)

●施用量は面積より土の量で決める

同じ量の土でブドウを育てると、肥沃な土に植えたブドウの生長は速い。それは、肥沃な土は単位土量当たりの養水分供給力が高いからである。このように、土の肥沃化の意味は、養水分供給力の高い土にかえることである。そして、有機物の施用量は、面積当たりでなく、土の量当たりで決めることが大切である。

それでは、土の肥沃の正体はなんであろうか。それは、おもに土のなかの腐植の量と考えてよい。腐植は有機物が分解したものなので、深耕するときにいれる有機物が土量に対して多いほど、土は肥沃になるわけである。

●ハウス栽培では表面施用と深耕施用を組み合わせる

ハウス栽培では、よく熟した堆厩肥を地表面に施すのもよい。それは、ハウスには灌水設備があるので、根が浅くても十分に管理できるからだ。実際に細根は地表面近くに多いので肥料効果が高い。

しかし、施す量にもよるが、全部を表面に施すのは問題がある。根は有機物のあるところに多く伸びるので、土のなかにもいれたいからだ。10a当たり2~4tぐらい準備できれば、半分をタコツボ深耕していれ、残りを表面にふりまくとよい。

●完熟牛糞樹皮堆肥が使いやすい

近年では、畜産糞尿に樹皮やおがくずを混ぜてつくった、完熟堆肥が容易に手にはいるようになった。しかも、完熟した堆肥には窒素も含まれ、土壌の肥沃化にきわめて有効である。果樹にはよく腐熟した牛糞樹皮堆肥が使いやすい。

注意が必要なのは、市販の樹皮堆肥は畜産業者ごとに成分がちがうので、使う前に分析表と実物を確認して使用を決めるのがよい。

牛糞樹皮堆肥はpHが7をこえるものが多い。窒素は1%以下であるがかなり振れがあるので、堆肥の施用後に施す窒素肥料で生育をみながら調整する。リンやカリは窒素より多く、とくにカリは１％以上と多く含まれているので、樹皮堆肥を多く施したら、その後のカリ肥料は控えめにするのがよい。

堆肥を深耕に使う場合、やせ地では土１㎥当たり、60kg程度はほしい（図33）。しかし、堆肥の種類は千差万別である。腐熟がすすんでいるものほど、また窒素の多いものほど速く効く。しかし効き方は数カ月とか年単位なので、樹の生育状態をよく観察して使うようにする。

深耕予定の場所へ有機物や土壌改良材を約半量置く

トレンチャーやバックホーなどで混ぜながら掘り上げる

掘り上げた土の上と穴の底へ残りの有機物や改良材をいれ、土と混ぜる

掘り上げた土と混ぜながら埋めもどす

図 33　深耕での有機物と土の混ぜ方

●地温が高いほど有機物の消耗は早い

有機物は、土のなかにいる微生物によって分解されて無機物にならなければ効かない。地温が高いほど微生物の働きが活発になり、早く分解する。ハウスは露地より地温が高くなり、雨よけより無加温、加温と作型が早いものほど地温の高い状態が長くつづくので消耗が早い。したがって、ハウス栽培では、露地栽培より有機物の施用量を多めにするほうがよい。

全園の深耕が終わったらどうするか

●再深耕は6年目から

深耕後6年くらいたつと、施した有機物は分解し古い根ばかりが多くなり、養水分吸収力が低下してしまう。だから、深耕5～6年たったら再深耕するのがよい。そのときには、幹を中心にして、樹冠の半分くらいの範囲を点々と改良する（図34）。

再改良の方法としては、深耕したい40～50cm四方に、スコップ2～3杯の堆肥と苦土石灰、熔リン（熔成リン肥）、高度化成をそれぞれ一握りくらいまく。ナタネ油粕があればそれも二～三握りまけばよりよい。

そして、スコップで深さ40～50cmに、有機物と肥料を土と混ぜながら掘り、混ぜながら埋めもどす。そのときには、根が多い幹に近いとこ

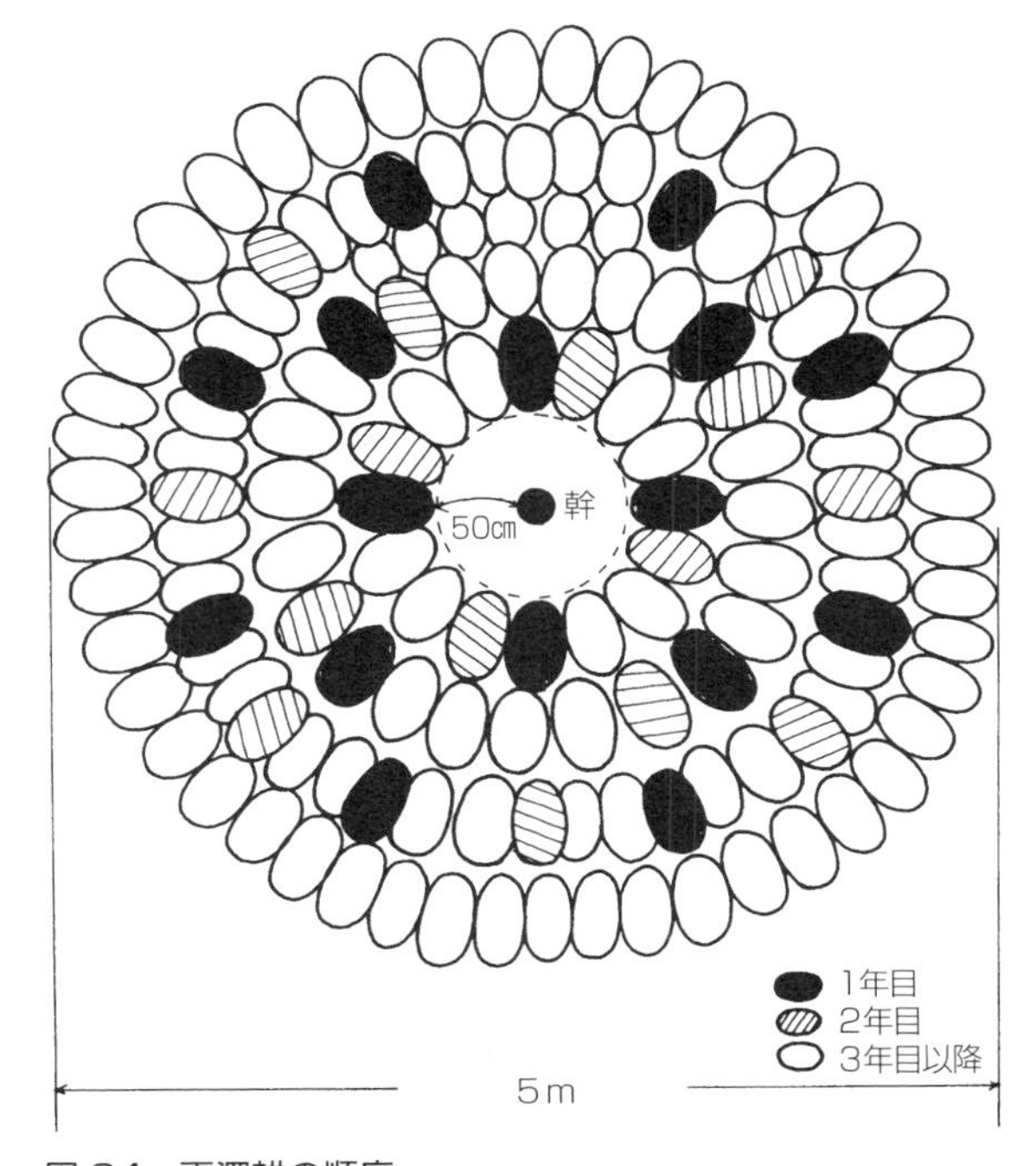

図 34　再深耕の順序
幹から50cm離して，大きさ 40 ～ 50cm，深さ 40 ～ 50cmのタコツボをあちこちに掘る

ろほど穴を多くする。
オーガー、バックホー、トレンチャー、大型耕耘機などで深耕してもよい。そのときにも、深耕するところへ堆肥や肥料を敷きつめておき、手掘りと同じように混ぜながら掘り、混ぜながら埋めもどすか、よく混ぜ返すことが大切である。

●根を切ることをおそれない

機械で深耕すると能率はたいへんよいが、大きな根をおかまいなしに切ってしまう。そこで、根を切ったらいけないと思って、根が出ていない樹と樹とのあいだを溝状に掘っているのをみかける（図35）。しかし、根が出ていないということは、そこまで根が出るほどの必要性がないからで、そんな場所をいくら肥沃にしてもブドウは肥料を吸えない。当然であるが、根のあるところを再深耕しなければならない。

根の出ているところを掘れば当然根を切る。大きな根を大量に切ればよくないが、3分の1程度の根を切ったからといって悪影響はない。地上部だって毎年せん定によって切り落とすのだから。

むしろ、古い根は自らが肥大生長するために養分を消費するので、古い根を少なくすることは、養分の消費を少なくし新根を多くすることになり、ブドウ樹の活性化につながる。

図35　根のないところの深耕はムダ
溝の断面に根がない。こんな根のないところの深耕は，骨折り損のくたびれもうけ

ただし、根の切り口から病菌がはいるおそれがあるので、直径が数ミリ以上の根はせん定ノコやせん定バサミで切りもどし、切り口をきれいに切り直しておく。こうすると、新根も出やすい。

●ハウスは根域制限土壌改良

ハウスでは、灌水設備がつきものだ。どんな灌水設備を使うかによって、深耕方法もちがってくる。養液土耕も行なえるが、どの方法でいくかは園主の考え方による。

植え列に沿って幅1.5〜2m、深さ30〜40cm程度の深耕を行ない、それに沿って3〜4本の点

図36　点滴ホースによる灌水

図37　樹冠の大きい樹の点滴ホースはらせん状に配置する

滴ホースを配置する（図36）。または樹冠面積の3～4分の1だけ深耕し、らせん状に点滴ホースを配置するなど工夫する（図37）。

灌水に肥料を混入して施用する養液土耕方式をとりいれると、樹勢が衰えないかぎり深耕は遅らせてよい。

深耕しても元肥は欠かせない

●深耕の効果は翌年以降に

深耕したら元肥はいらないと思っている人がいる。深耕するときに有機物や肥料を施すため、それが元肥だとかんちがいしているからである。それでは、深耕するときに施した有機物や肥料は効かないだろうか。

もちろん効くが、遅くなってからでないと効かない。なぜかといえば、深耕するときに根を残らず切ってしまうので、根が深耕した部分へ伸びてこないと吸収できないからである（図38）。また、施用する有機物に完熟堆肥が使われていれば、根が伸びた段階ですぐ吸収されるが、そこに伸びる根の量は、未深耕部分の根にくらべればものの数ではない。

まして、落葉など未熟な有機物を施した場合は、一度分解して無機化しなければ効かない。だから、未熟の有機物は遅くなって効き、翌年や翌々年になって効くことになる。とても元肥のかわりにはならない。

また、肥料は水に溶けて地中を移動するが、下へは容易に移動しても横の移動はきわめて少ない。だから、深耕部分に施した肥料が深耕しない部分へ移動して効果をあらわすことはまず考えられない。

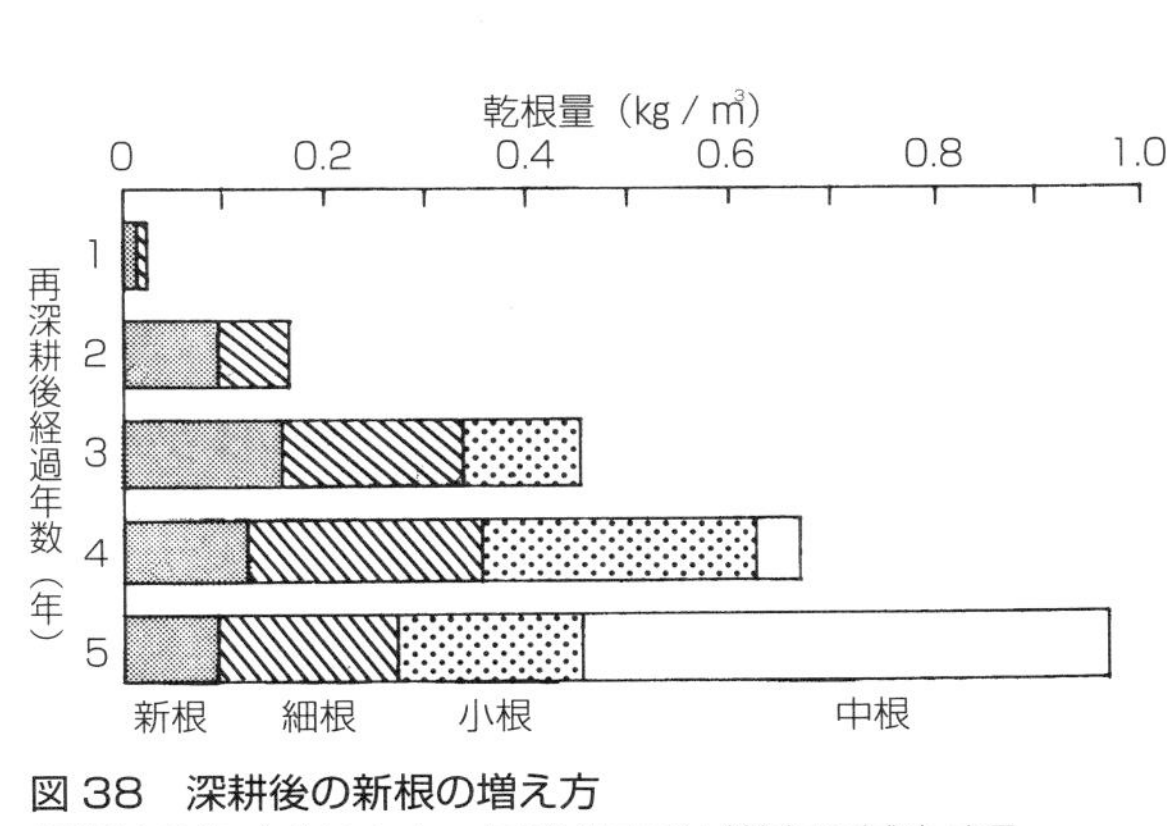

図38　深耕後の新根の増え方
新根は3年くらいかかって増加するが数年で減少する

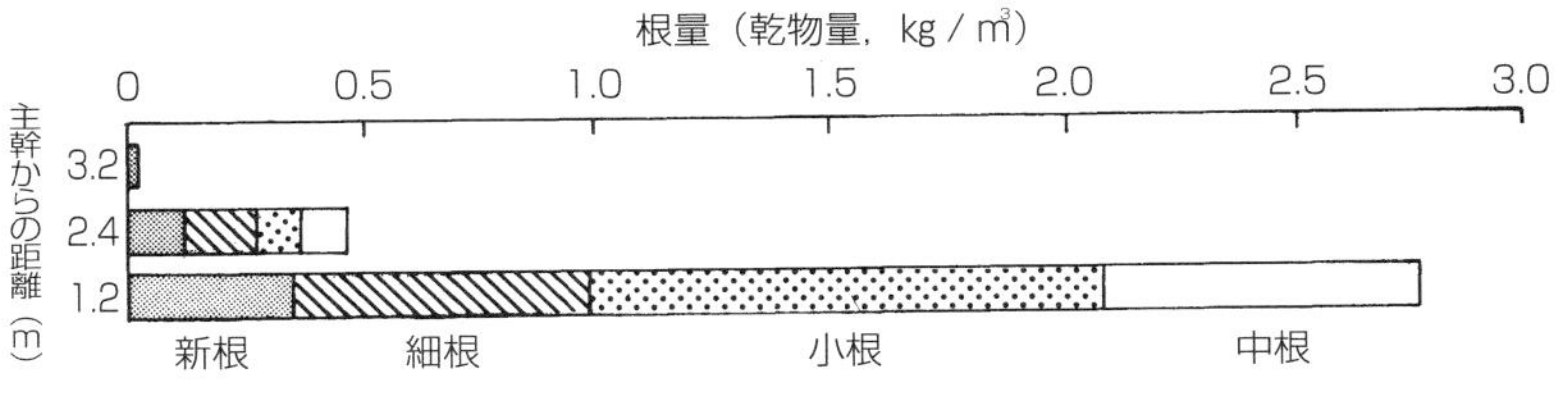

図39　根の量は幹（主幹）に近いほど多い

土のなかには、ミミズ、ヤスデなどの小動物だけではなく、原生動物やカビ類あるいはバクテリアなど、たいへん多くの生物が生きている。それらが、有機物を分解して無機化したり、土の粒子とブドウの根との肥料養分の受け渡しをしている。土が生きているといわれるのはそのためである。有機物や肥料養分を施すのは、それらの動物や生物が活躍するように食物として与えてやることでもある。

このように、深耕して有機物を施す作業は、肥料養分をブドウがほしいときに吸収できるよう、土のなかに長期や短期の貯金を蓄えておく作業といってもよい。したがって、深耕と元肥とは全くちがった目的をもっており、深耕しても元肥はやらなければならない。

●元肥は幹の近くに多く

ところで、肥料をまけばすぐにでもブドウに吸収されると思っている人がいるが、もちろん、施した肥料養分の一部はストレートに近い形で吸収される。とくに、砂丘地のように粒子が荒い土ではそうである。

元肥は、原則として深耕した範囲、あるいは根が伸びていると思われる範囲に散布する。そして、根の密度が高いと考えられる幹の近くへ多く施すようにする（図39、40）。

施用後は、砂地か草生あるいは敷草栽培の園ならそのままにし、清耕法の粘質土園では軽く

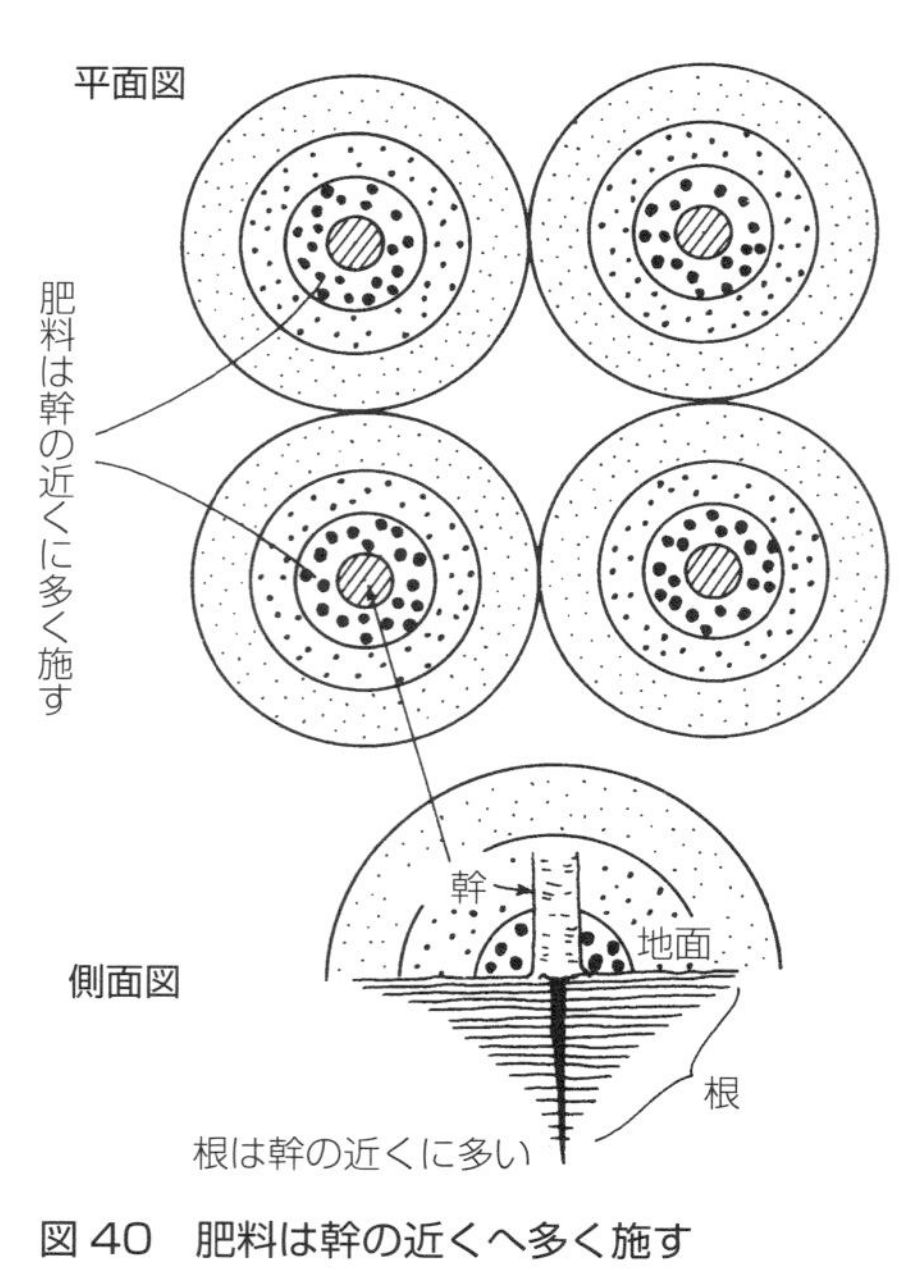

図40　肥料は幹の近くへ多く施す

中耕するのがよい。

　肥料は水に溶けなければ吸収されない。したがって、露地栽培では雨が降らないと効かない。ハウス栽培では、必ず灌水することを忘れないようにする。

●石灰はほどほどに

　ブドウは石灰を好むとされ多量に施す人が多い。しかし、石灰が多すぎると土地がアルカリ性になるので、マンガンなどは溶けなくなり吸収されなくなる。その結果、ゴマシオ（マンガン欠乏症）が発生する。

　ブドウが必要とする肥料要素は、少なくとも16種類あり、どれが不足しても障害が出る。とくに、微量要素は土のpHに影響されやすい。pHは6から6.5程度が無難なので、農業普及センターで2年か3年ごとにpHを測ってもらい、低ければ石灰肥料を施す。高いときは、下がるまで石灰肥料を控える。どうしても下げたいときには硫黄華を使うが、施用量は農業普及センターなどに相談しよう。

　ところで、着色がよくなるからと、着色期ごろに地面が真っ白になるほど石灰を施す人がいる。光の反射効果を期待しているが、LAI（エルエーアイ）が2程度以下でないと効果は低い。ましてや、最適LAIの4なら全く効果はないので、冬季に施すようにする。

●微量要素を忘れずに

　有機物が十分に施してあれば必要ないが、そうでない園では微量要素を忘れずに施したい。とくに砂地や開墾地の園ではホウ素に気をつけたい。

　中国山地のたたら製鉄でつくられた鋼で名刀がつくられたが、この真砂土地帯には果樹産地がほとんどない。その原因は、必須元素で最も必要量の少ない銅が欠乏しているためである。したがって、こんな地域で果樹を植え付けるときには硫酸銅を必ず施し、その後も不足しないよう適宜施すようにする。

追肥はいつ効くか

●施してから効くまで2週間は必要

　花崗岩質砂壌土の鉢植えデラウェアの展葉4～5枚期に、高度化成肥料を施して灌水してやると、3日目には新根や旧枝内の窒素濃度が高くなる。

　しかし、新梢にまで吸収されるには、1週間から10日間かかる。また、砂土の露地栽培12年生のデラウェアでの実験では、施肥してから15日後になって葉が緑になった。

　このように、肥料は施したからといって、ブドウはすぐには吸収・消化しない。土壌が浅く砂地がかった条件でも、葉が緑になるまでは施肥後2週間ぐらいかかり、粘土質や黒ボクではもっと効き方が遅くなると考えたほうがよいだろう。また、早い作型ほど効くまでに時間がかかる。

　したがって、肥料は効かせたいときよりも、少なくとも2週間早く施さないと、思い通りの効果が期待できないことになる。

●開花期までは貯蔵養分で育つ

　ブドウは開花期ごろまでは、おもに前年に樹体内に貯蔵した養分で生長する。ブドウは根圧が高く発芽前に樹液を出すが、肥料は吸収しないようである。新梢が生長し葉面積が増えるにしたがい蒸散量は増える。蒸散量が増えることによって根からの養水分吸収量が増え、開花期ごろになると新しい葉や根によって物質がつくられ、それによって生長するようになる。だから、開花期ころまでは肥料が不足しているかどうかを判断することは、ほとんど不可能といってよい。

もしもこの時期に葉色が明らかに悪い場合は、土壌中の肥料が不足しているというより、樹体内の貯蔵養分が不足していると考えたほうがよい。このようなときは、追肥してもすぐには吸収されないので、次に解説する葉面散布などの処置が必要である。

●葉面散布は即効的

初期の生育が悪いと、花穂の発育が劣ったり、結実が悪かったり、新梢が遅伸びしたりと、あとあとまで悪影響が残る。とくに、早期加温栽培より早い作型では初期生長を旺盛にすることが大切になるが、そういうときでも葉面散布の効果が高い。

無加温栽培のデラウェアで0.3〜0.5%の尿素の葉面散布を開花後に行なうと、2日後には葉の色が濃くなる。分析してみても、葉中の窒素濃度は明らかに高くなる。このように、葉面散布するとすぐに効果があらわれる。

しかし、普通の栽培をしていれば葉面散布するほど欠乏することはまれである。

●マグネシウム欠乏は早めの葉面散布で

ハウス栽培ではマグネシウ（苦土）欠乏が発生しやすい。とくに若木は生長が旺盛で、長大な新梢の元葉によくマグネシウム欠乏が出る。それは、マグネシウムの吸収がブドウの生長量に追いつかないためである。

超早期加温栽培は、生育後半に光合生能力が急激に低下することが多く、そのために収量が上がらない。その重要な原因はマグネシウム欠乏だと考えられる。

このようなときには、症状の程度にもよるが、硫酸マグネシウムの0.2%液を1週間間隔で5回は葉面散布する。あまり葉が老化してしまうと、なかなか効果が出ないので、症状を早くみつけて散布するのがコツである。

（施肥設計は自分流に）

●吸収量と施肥量はちがう

ブドウ樹が1年に吸収する肥料養分を分析してみると、10a当たりの葉の量（LAI）に比例していることがわかる。葉の量が多いということは、生長が旺盛だったことを意味する。

したがって、樹齢に関係なくLAIが高い園ほど、肥料は多く吸収されていると考えてよい。それでは、実際の吸収量はどれくらいであろうか。

ブドウの理想とする樹相は、平均新梢長が1〜2m前後で、LAI3から4程度である。そのときのデラウェアの吸収量は、10a当たり窒素が9.9〜11・2kg、リンは2.2〜2.6kg、カリは7.8〜9.2kg、石灰は6.2〜8.2kg、苦土（マグネシウム）は1.1〜1.4kgである。したがって、この程度の施肥は毎年必要である（図41）。

しかし、吸収量は施肥量と同じではない。化学肥料であろうが有機質肥料であろうが、施したあといくらかは雨水によって地表面を園外へ、あるいは根の届かない地中深くしみとおって吸収されない。

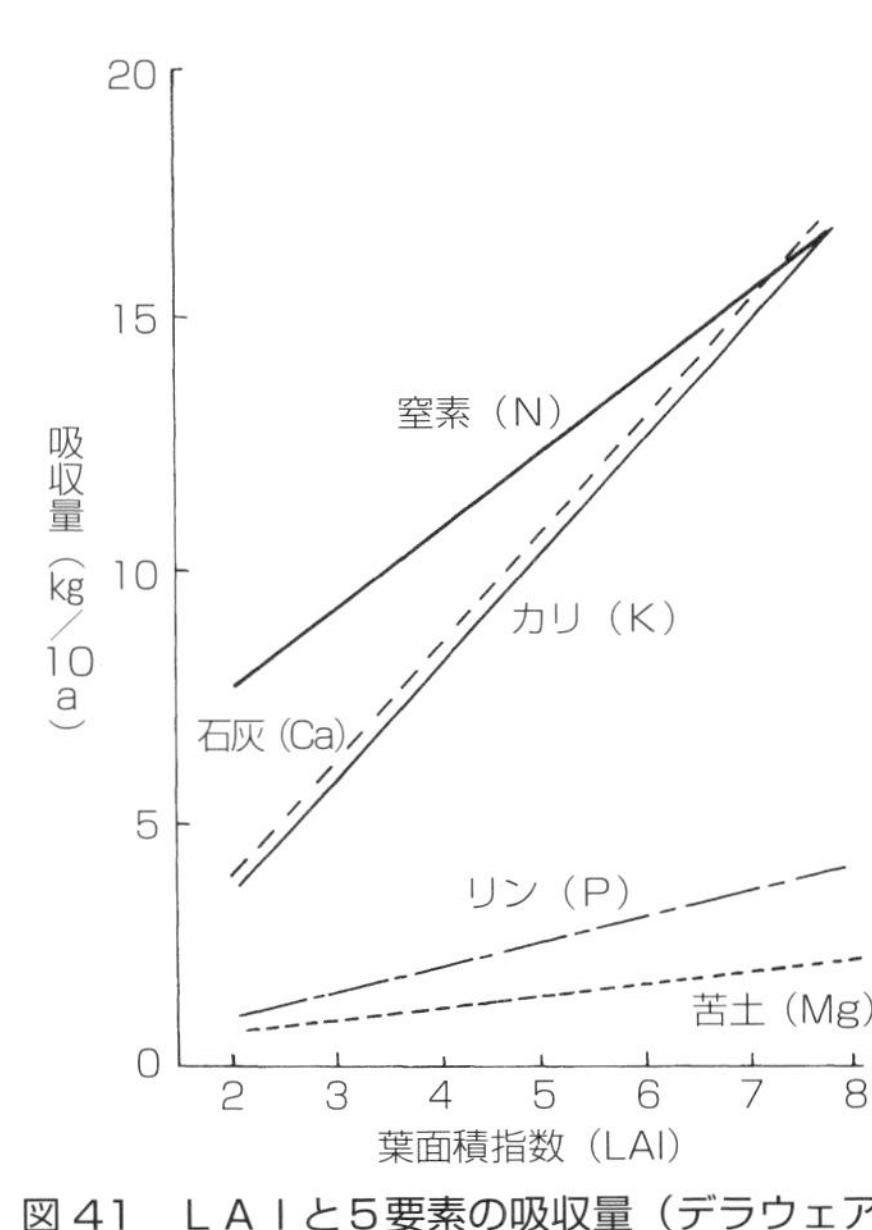

図41　LAIと5要素の吸収量（デラウェア）

一方、深耕のときにいれた有機物、敷草あるいは刈った草などが分解して無機化した肥料養分が出て増加する。

したがって、これらの量がわかれば、施肥量を計算することができる。しかし残念なことに、施肥量の何%が利用されるのか、有機物がどれだけ無機化するのかなどは、今の科学ではわからない。それでは、施肥量はどうして決めたらよいのだろうか。

●樹勢と土壌改良の程度で加減

樹勢が強ければ肥料がよく効いているし、樹勢が弱ければ、せん定が弱かったか施肥量が少なかったからである。

なお、樹勢の判断は新梢の勢いで判断すればよく、巻頭の「写真でみる生育診断と作業のポイント」を参照されたい。

まず、土壌改良の状態を数年前までさかのぼり、考えてみる必要がある。相当量の腐熟堆肥で土壌改良を行なっても、吸収は徐々に行なわれ2～3年後に新梢の生長が旺盛になることで効果が判断できる。同じくらいの施肥量なのに、前年より樹勢が強くなったとすれば、施用した有機物の効果があらわれはじめたと考えられるので、施肥量をやや減らすのが妥当である。

一度効果があらわれると、数年は持続するのが普通である。したがって、数年前までの改良の状態と、樹勢との関係を考慮することも、施肥量を決めるポイントの一つである。

●施肥時期は生育に応じて

肥料を冬季に施しても効かない。それは、ブドウが肥料を必要としないからだ。効くのは芽が出る前ごろからで、その後は、新梢が伸びるにつれ、果実が太るにつれ、そして旧枝や旧根が太るにつれ肥料は多く吸収される。そして、生長が停止すれば翌年のため、旧枝や旧根に貯蔵するために吸収して終える。

窒素肥料でも、効く速さにちがいがあるし、肥料の種類によって千差万別だ。無難なのは、ロング肥料や化成肥料を上手に使うのがよい。これらは一度には効かず、じわりじわりと効くので、やや早く多めに施しても効果が高い。ナタネ油粕などは、長期間にわたって効き、効果は高い。

普通、元肥は土によく浸透させるため、発芽期の1～2カ月前に施す。玉肥は果粒肥大第Ⅰ期ころから第Ⅲ期にかけて葉色や玉太りをみながら施し、礼肥は収穫終わりころに施す。

しかし、それはあくまで目安であって、肥料がよく効いていればやる必要はない。土壌改良がすぎて樹勢が強すぎるようであれば、1年間肥料を施さないこともある。

要は、肥料が効いているか否かを、新梢の伸び具合、葉の茂り具合や葉色あるいは玉太りや収量、着色の良し悪しなどから判断する目を養うことである。

落ち葉やせん定くずは土つくりに

●稲わら10a分に相当、肥料としても貴重

落ち葉やせん定くずを燃やしてしまう人がいる。たしかに病気や害虫のいくつかは落ち葉で越冬するから、燃やしてしまえば病害虫防除の効果がある。しかし、これらは貴重な有機物資源で、そのなかに含まれる肥料養分の量はばかにならない。

LAIが3のブドウ園なら、落ち葉とせん定くずは10a当たり450kgもあり、10a分の稲わらの量に相当する。これに含まれる窒素は3.5kg、リン酸は2.7kg、カリは4.8kg、石灰は6.9kg、マグネシウムも1.1kgである。

●深く埋めて虫を殺す

燃やせば、有機物と窒素は空気中に逃げてしまう。できるだけ集めて土壌改良の材料にすべきである。有機物は腐敗して腐植になるが、肥料養分は腐敗にともなって効いてくるので、定期貯金のような効き方をし、土壌を肥沃化してくれる。

ところが、あまり浅く埋めると、枝にはいっていたブドウスカシバやブドウトラカミキリなどの害虫が、地上に出ることがある。しかし、粘質土の場合は10㎝、砂地の場合には30㎝以上の深さに埋めておけば大丈夫である。

また、全面に施す場合は、粉砕機で細かく砕いて害虫を殺してからいれるようにする（図42）。

●こうすれば自然に落ち葉が集まる

園が広いと、落ち葉を集めるのもなかなかの手間である。そうしたときには、適当な間隔で園内に幅30㎝、深さ20～30㎝の浅い溝を掘って、掘り上げた土を溝の風下側だけに上げておく。

そうすると、落ち葉が自然の風で溝のなかに運び込まれるので、落ち葉を集める手間がはぶける。園内のくぼ地などに残っている落ち葉もかき集めて溝にいれ、石灰や熔リンなどを加えて埋めもどすとよい（図43）。

なお、窒素肥料を追加すると腐りやすい。

図42　破砕機でせん定枝を砕いて施す

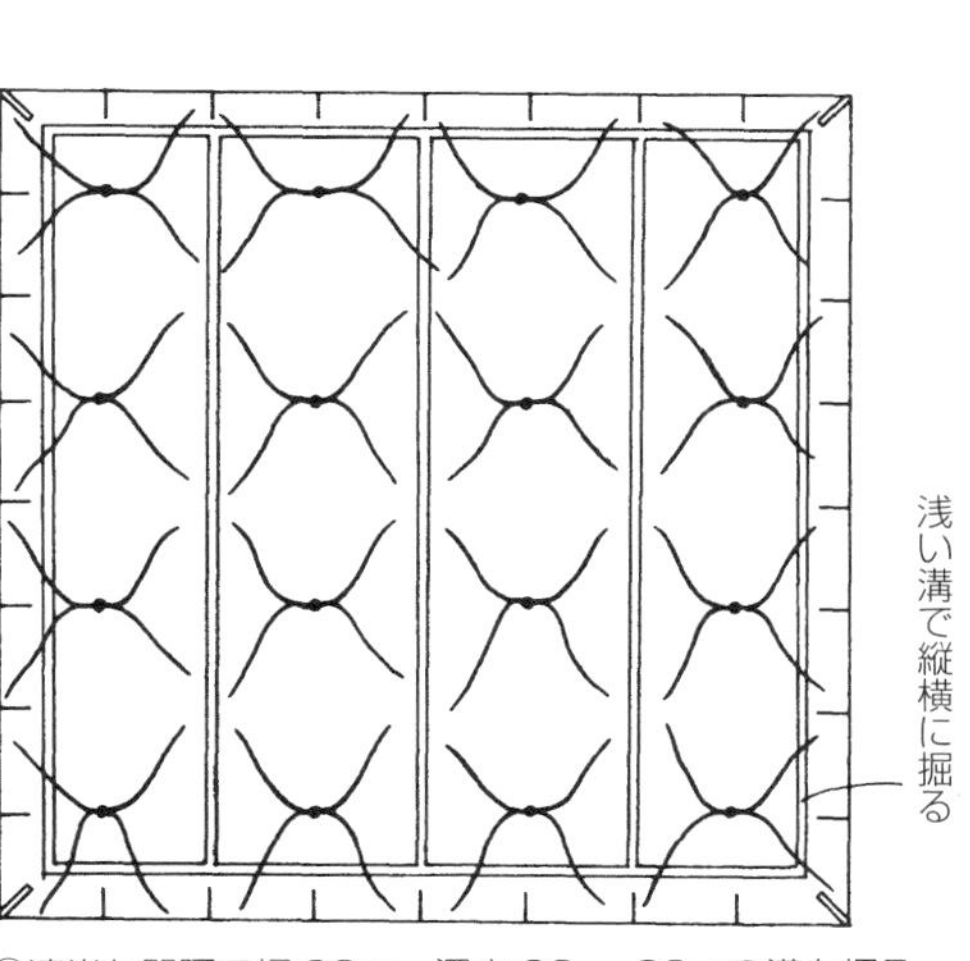

①適当な間隔で幅30㎝，深さ20～30㎝の溝を掘る

②掘り上げた土を溝の片側へだけ上げておくと，反対側から風で落ち葉が運び込まれる

③くぼ地に残った落ち葉もかき集めて溝にいれ，石灰や熔リンなどを加えて埋めもどす

図43　手間をかけずに落ち葉を集める

整枝・せん定の考え方と方法

樹形とせん定の考え方

ブドウは平棚仕立てが優れている

世界のブドウの樹形は千差万別であるが、大きく分けると株仕立て、垣根仕立て、平棚仕立ての三つに大別される。

●株仕立ては雨量の少ない地帯向き

株仕立てとは幹の長さを30cm程度で止め、上部から数本の結果枝を出す方法である。雨量が年間200〜300mm程度の少ない地帯で行なわれており、チリ、アルゼンチン、メキシコ、スペインなどでみられる。圧巻はスペインのラ・マンチャで、2.5m間隔で植えられている（図44）。それ以上密度を高めると、冬季に浸透した土のなかの水を奪い合って枯死するという。

樹冠の直径は1.5mくらいで空き地が広く、強い光を十分利用できない。したがって、反収は300kgくらいであるが、糖度は30%をこえるので、水で薄めないとワインにできないという。

図44　スペインのラ・マンチャの株仕立て
2.5m間隔，年雨量は250mm

●垣根仕立ては光の利用率が70％程度

垣根仕立ては、ヨーロッパで行なわれている仕立て方で、列間1〜2m、株間も同じくらいである（図45）。列のあいだに空きがあるため、光の利用率は多くても70％程度で、反収も500kg程度が普通である。

利点は、垣根用の支え施設は必要だが平棚にくらべれば安く、仕立てが人工的でせん定が単純であり、新梢のカットは機械でできるので能率がよい、などである。ちかごろ日本でも、これをまねた仕立てがワインブドウで行なわれているのをみるが、収量が平棚の3〜4分の1であることを考えるとおすすめできない。

図45　フランスボルドー地方ラフィット・ロートシルトの垣根仕立て
高さ1m，列間隔2m

●光の利用率が高い平棚仕立て

わが国のブドウは通常は平棚栽培であり、マスカット・ベリーAを育成した新潟県の川上善兵衛氏の考案といわれている。うね間などの空間がないので、光の利用率は100％で、収量は株仕立てや垣根仕立てより断然多く、品質も優れており、ブドウの仕立て方のなかでは最も優れている。

日本以外でも、イタリアの生食用ブドウ、アルゼンチン、わが国の影響を受けたと思われるブラジル、中国などでも行なわれている。

平棚仕立ての整枝は長梢と短梢

●長梢と短梢の特徴

わが国のおもな整枝法は、X字型自然形整枝（長梢せん定）と人工型平行整枝（短梢せん定）である。二つの整枝の特徴をブドウ経営の面からみると次のようになる。

ブドウでもうけるには、二つの方法がある。一つは土地生産性を上げることで、高品質のブドウの反収を高めることである。二つめは労働生産性を高めることで、一定の時間内にブドウを多くとることである。

物質生産理論からいえば、反収を高めるのには、短めの新梢で早く最適LAI（エルエーアイ）に到達できる長梢せん定のほうが有利である。また、樹勢の制御しやすさや樹形の自由度も優れている。しかし、技術の習得はややむずかしく、作業効率も劣る。

一方、短梢せん定は、作業が比較的単純で身につけやすく、労働生産性の面では有利である。だが、主枝間の空間を埋めるのに強めの新梢を使うため、物質の果実分配率が低くなり、収量の面ではやや不利である（図46）。

図46
H型短梢せん定（品種：キャンベルアーリー）

●条件に合わせて使い分ける

長梢せん定と短梢せん定のどちらを採用するかは、品種とジベレリン（GA）処理の有無、栽培面積の広さ、傾斜角度の程度、露地栽培かハウス栽培かなどによって判断はちがうだろう。いずれの仕立て方でも平棚なので、株仕立てや垣根仕立てにくらべれば断然有利である。

近年増加しつづけるGA処理による種なし栽培は、花穂の摘みいれからGA処理など、種ありにくらべ手間がかかる。これらの作業は、長梢せん定より短梢せん定のほうが早くて手間がかからない。そういうことから、GA処理による種なし栽培は、短梢せん定向きといっていいかもしれない。

これだけは実行したいせん定のコツ

●古い枝は分岐部からきれいに切る

古枝の基部を20～30㎝残したままにしている園がある。ブドウは芽のないところから陰芽がほとんど出ないので、芽のない枝はいずれ枯れてしまう。すると、そこから太い枝に枯れ込みがはいる。したがって、古枝を芽もつけずに残すのはまちがいということになる。古枝は分岐部できれいに切り、乾燥しないように木工ボンドなどを塗って保護するのがよい（図47）。

●太い枝の切り方

切る枝が太いためなかなか癒合しないと考えられる場合は、1～2芽つけて切る。そして、分岐部が太くならないようにひもでしばる。芽が出たら摘心をくり返して古枝が太らないで枯れない程度に生かし、2〜3年たって枝に差がついた時点で切るとよい（図48）。

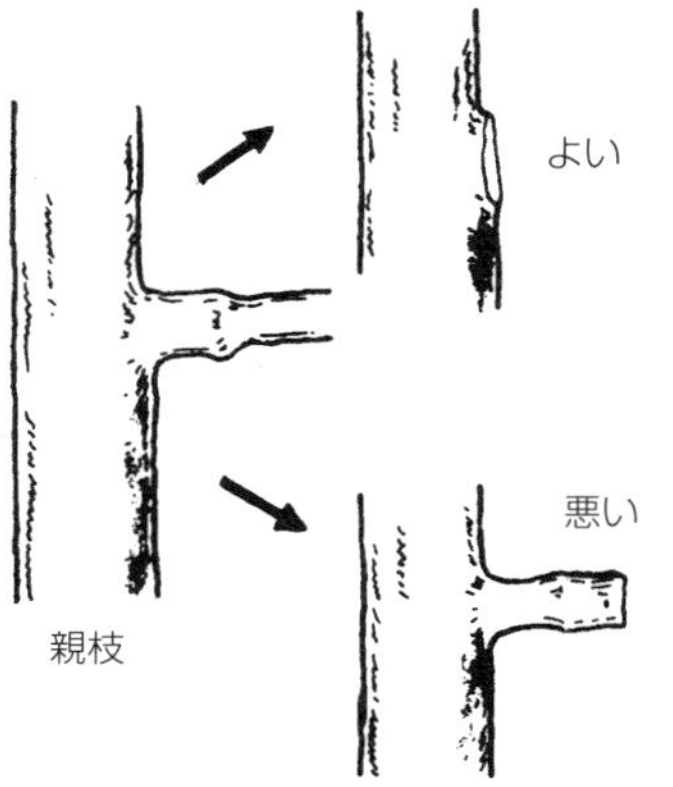

よい
悪い
親枝

図47　古い枝の切り方

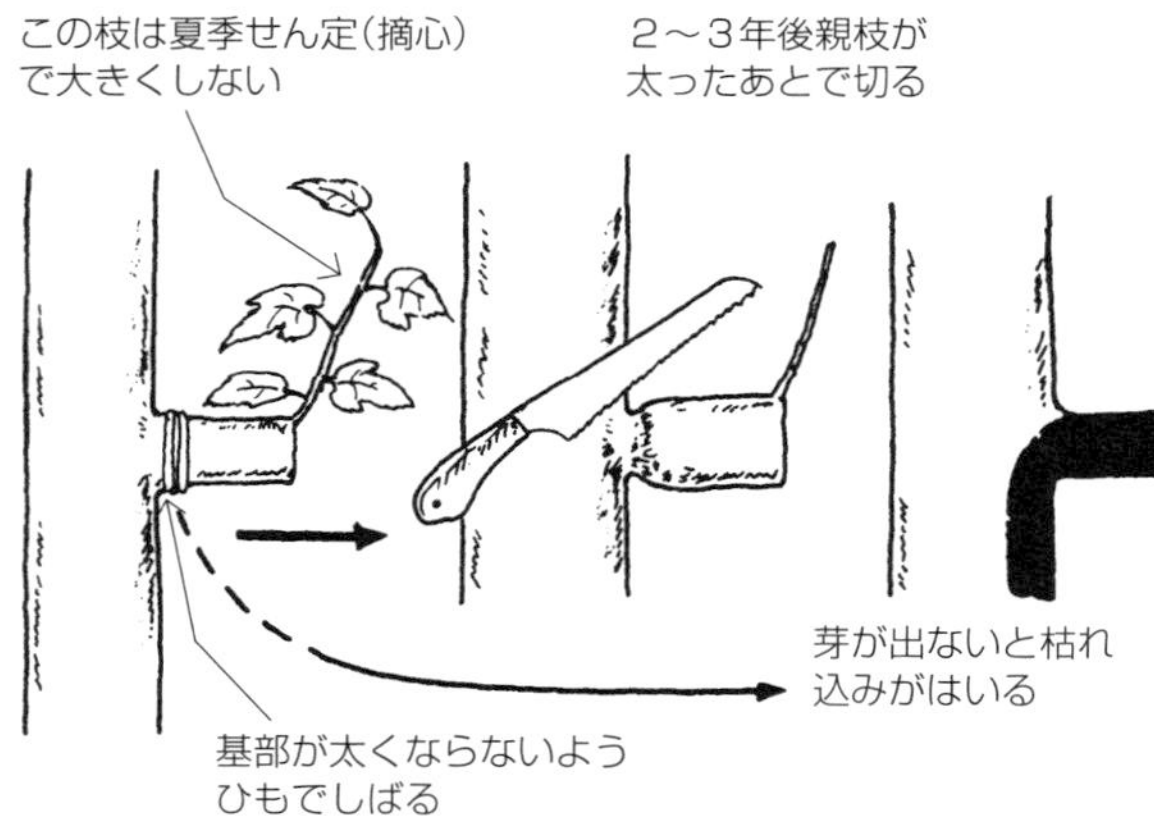

この枝は夏季せん定（摘心）で大きくしない
2〜3年後親枝が太ったあとで切る
芽が出ないと枯れ込みがはいる
基部が太くならないようひもでしばる

図48　太い枝の切り方

X字型自然形整枝（長梢せん定）の整枝・せん定

自然形整枝といわれているように、形を自由につくることが特徴である。

したがって、主枝は1本でも3本でもよいのだが、山梨県の土屋長男氏によって、長続きする樹形として4本主枝のX字型自然形整枝が確立された。

ここでは、これについて説明していきたい。

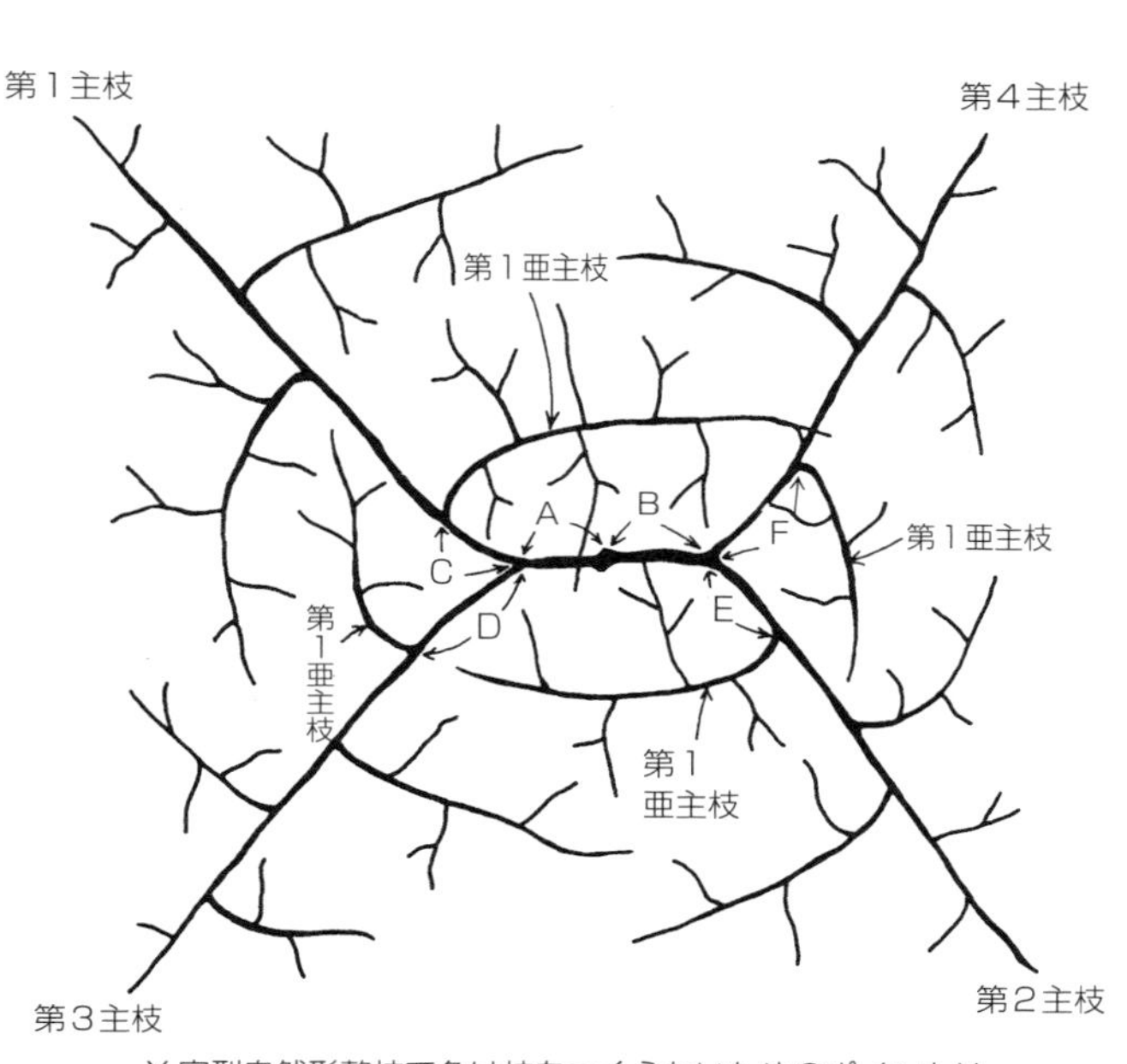

図49　負け枝をつくらないための主枝，亜主枝のとり方

長梢せん定＝負け枝をつくらない主枝のとり方

●主枝の順位は勝手にかえられない

X字型自然形整枝では主枝を4本配置するが、主枝の順位をやかましくいう。それは、負け枝という現象を防ぐためである。

負け枝とは順位の上の枝（第1主枝）が順位の下の枝（第2主枝や第3主枝）より勢力が弱くなることをいう。負けた枝は細くなり、順位の下の枝が太くなる。負け方がひどくなると、負けた枝ではよい果実がとれなくなる。

この順位について、第1主枝とか第2主枝を、園主の都合で勝手にかえてもよいと誤解している人がいる。枝の順位とは、枝が出た順番のことで、苗木の先端から出た枝の延長が第1主枝であり、その枝の調子が悪いからといって、後から出た枝を第1主枝にすることはできない。すなわち、第1主枝とは第1子（長男）と同じ意味

である

しかし、なんらかの理由で第1主枝を切り捨てた場合には、第2主枝を格上げして第1主枝にすることはできる。

●知られていない分岐部までの長さの重要性

第1主枝を強く保つには、その占有面積が常に広くなるよう留意すること、そして、傾斜地では第1主枝をより急な上方へ向けることによって、負け枝の発生を少なくすることができることは知られている。ところが、主枝や亜主枝の分岐点までの距離が重要であることについては、知らない人が多いように思う。

X字型自然形整枝では原則として4本の主枝をつくるが、まず、棚面下50㎝くらいで、第1主枝から副梢を使って第2主枝を発生させる。そして、そこから1.5～2m離して、第1主枝からは第3主枝、第2主枝から第4主枝を分岐させる。そのときに大切なのは、第3主枝の分岐点（A）より第4主枝までの分岐点（B）を長くとることである（図49）。

また、主枝の分岐点から第1亜主枝までの距離も大切で、第4主枝の第1亜主枝まで（F）が最も長く、第2主枝（E）、第3主枝（D）と短くし、第1主枝の第1亜主枝まで（C）を最も短くする。こうしておくと、第1主枝が負け枝になることは少ない。

もう一つは、主枝や亜主枝、側枝などの重要な枝の先端を、常に強くすることである。先端の新梢が強いと葉からの蒸散によって吸収される養水分が多くなるため、その枝が負けにくくなるからだ（図50-①②）。

かりに負け枝になっても、結実や品質に大きな差が出ないかぎり、そのまま使用する。しかし、負け方の程度がひどくてよい果実がならなくなれば、次の主枝を格上げせざるを得ない。このことは、主枝だけでなく、側枝などの場合も同じである。

①デラ主枝せん定前

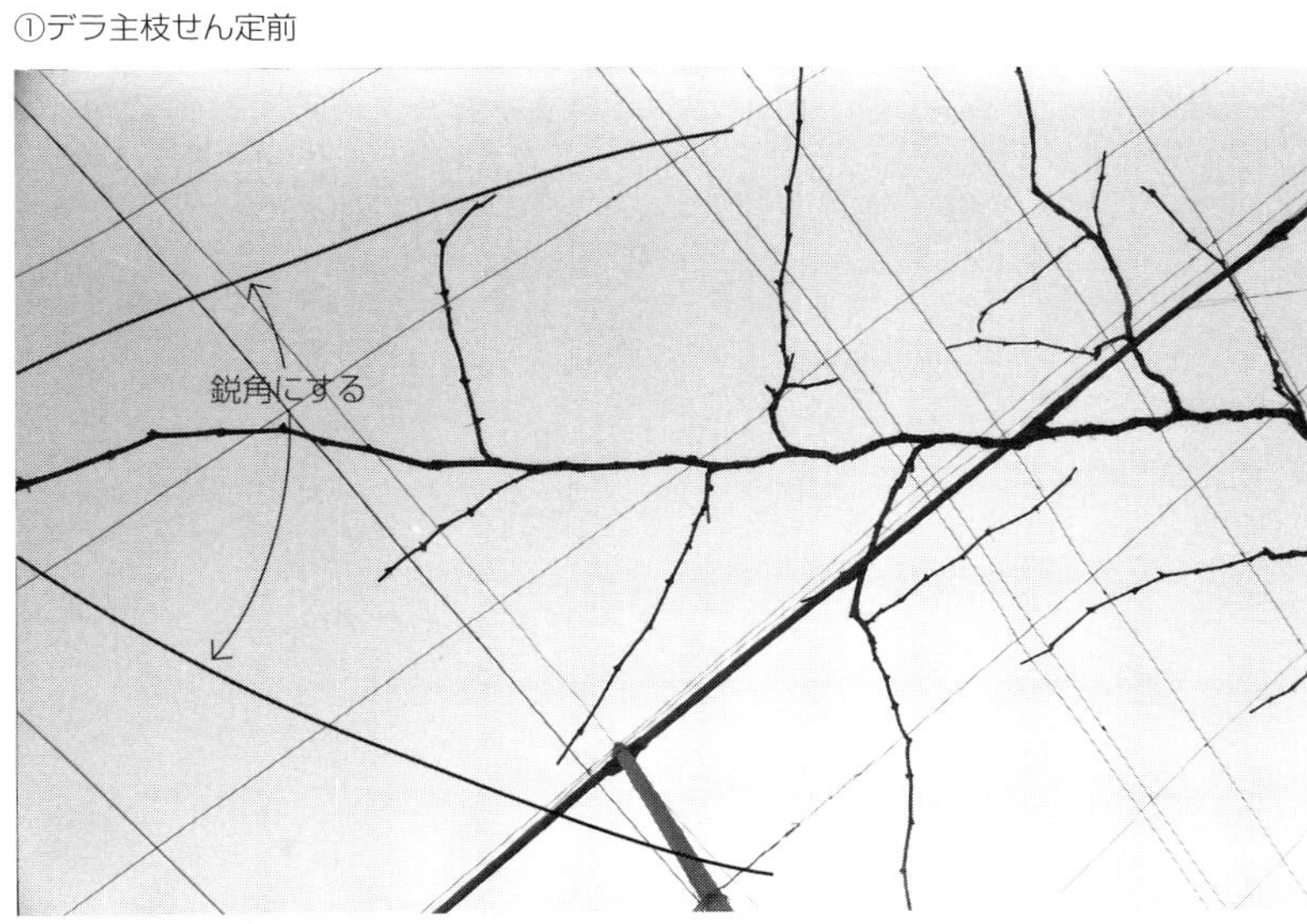

②デラ主枝せん定後

図50　主枝先端部のせん定＝主枝先端は常に強く保つ
先端を頂点にして鋭角三角形になるよう結果枝を残す
（まず‖印の枝を間引いてから｜印を切り返す

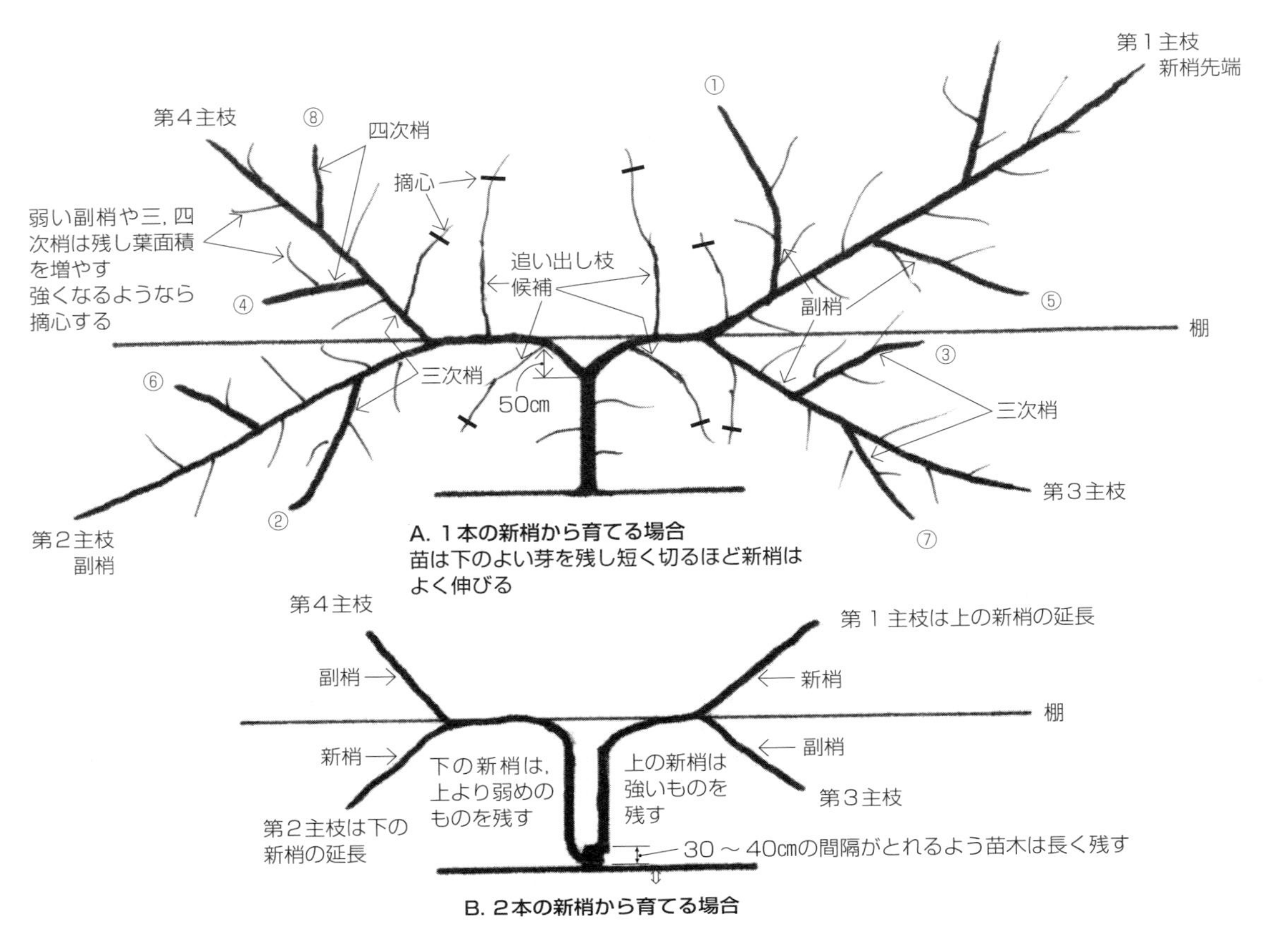

図51　X字型自然形整枝１年目の樹形づくりの順序
①～⑧の番号は亜主枝の取り方の順序。必ずしもこのままできるとはかぎらない。そのときは臨機応変に対応する

長梢せん定＝樹形はこうしてつくる

●樹形づくりの順序

苗木から1本の新梢を伸ばし、1年で4本の主枝と亜主枝をつくるとする。まず、苗木の先端から伸びた新梢（主梢）をまっすぐ垂直に伸ばし、棚下50㎝くらいから斜めに伸ばして棚線につけて右に伸ばす。そして、幹から1～1.5m先で左斜めに誘引して第1主枝とする。そこから出ている強い副梢を右に伸ばして第3主枝とする。棚下50㎝で強い副梢を左へ伸ばして第2主枝とし、さらに、幹（第1主枝との分岐部）から1.5～2mから出ている強い三次梢を右に伸ばして第4主枝にする。

それぞれの主枝から、副梢や三次梢、四次梢を左右に伸ばして亜主枝にする。1年でできなければ2年目で仕上げればよい。分岐間の距離は図49を参照されたい（図51）。

●早く樹冠をつくるには

1本の新梢で1年間に樹形の基本がつくれるのは、1年目の生長がすこぶるよい場合である。そこで、2本の新梢（主梢）を使うと樹形の完成が早まりやすい。

そのときには、苗から2本の新梢を伸ばすとよい。このとき大切なのは、上の芽から伸びた新梢を第1主枝にするが、強い新梢を選ぶことである。この新梢が弱いと負け枝になりやすいからである。また、上の新梢と下の新梢のあいだが離れていて、下の新梢がやや弱いほうが、負け枝になりにくい。

この2本の新梢は棚下まで垂直に伸ばし、そこから左右に分けて第1主枝と第2主枝にする。あとは1本のときと同じ要領で、それぞれの副梢を第3主枝、第4主枝にするとともに、亜主枝も選んで配置する。1本のときにくらべ、三次梢で第4主枝の亜主枝ができるので、それだけ早くなるわけである（図51）。

また、幹が短いほど樹の樹勢は旺盛になる。土屋長男氏はこの方法でピオーネをつくっておられたが、10a当たりの栽植本数は2.5本だった。

平均新梢長（cm）
250
200
150
100
50
95%
90%
70%
50%
強い
ふつう
弱い
せん定強度
4月28日
6月15日
11月4日

%は登熟した結果母枝の切り落とした長さの割合を示している（7年生露地栽培の巨峰）

図52　せん定で切り落とす枝が多いほど翌年の新梢はよく伸びる

長梢せん定＝せん定は樹形よりも樹勢で判断

●樹勢はせん定量で決まる

栽培の目的は、品質のよい果実をたくさん収穫することである。よい果実がたくさんとれる園の樹は、なんとなくそのような姿をしている。これを「高生産樹相」と呼ぼう。

高生産樹相の結果枝は「発芽や展葉が早く初期生長は旺盛で、満開前2週間ころから開花期間中は生長がにぶって結実がよく、満開後1カ月くらいで生長を停止する。基部は太く先細りでわずかに電光型に伸び、本葉は枝の太さが細いわりには大きいが小型で、副梢の発生は少な

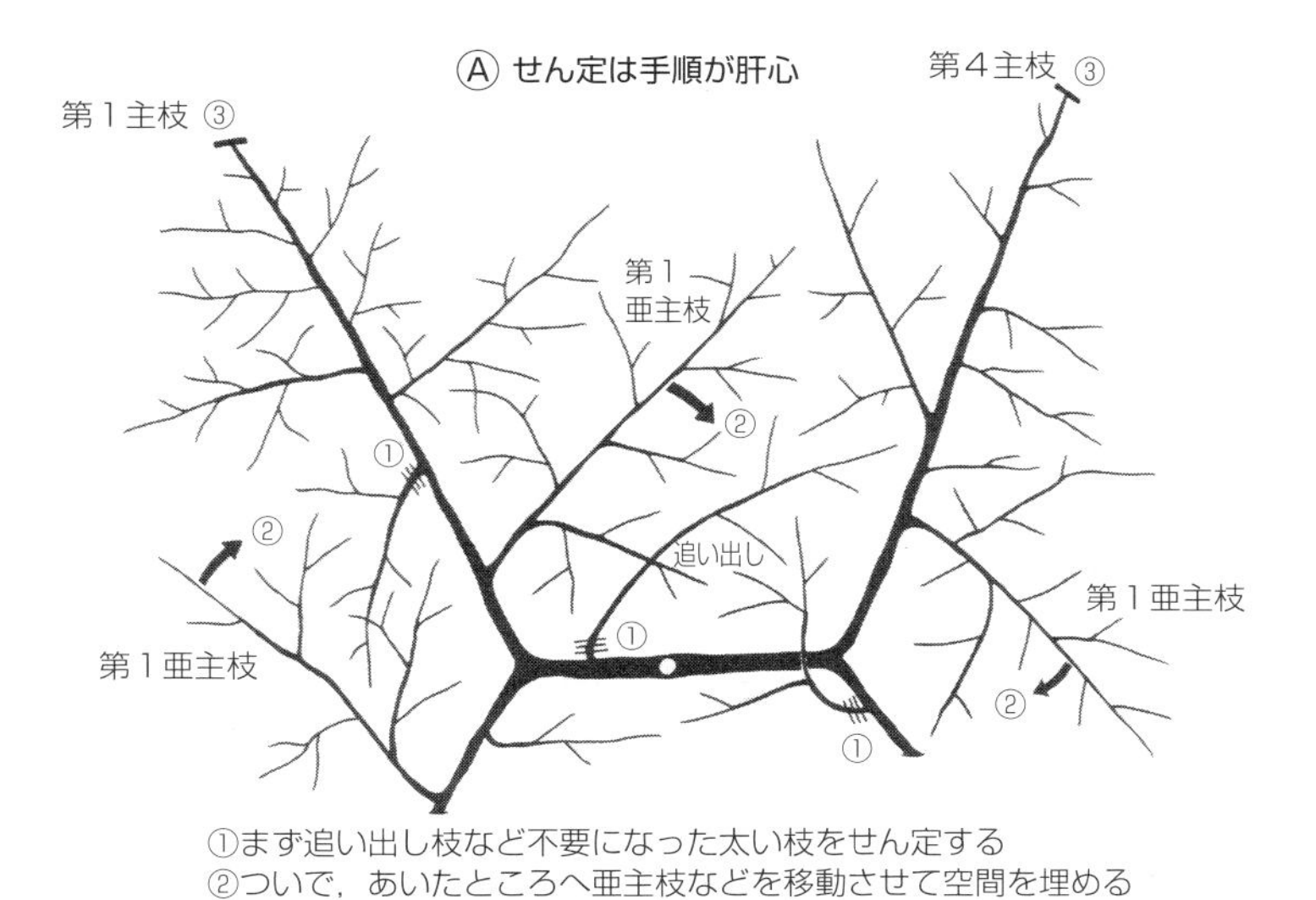

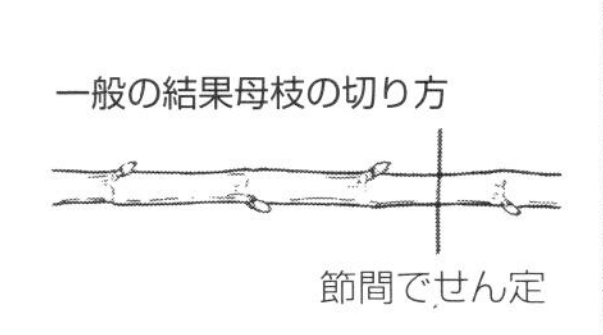

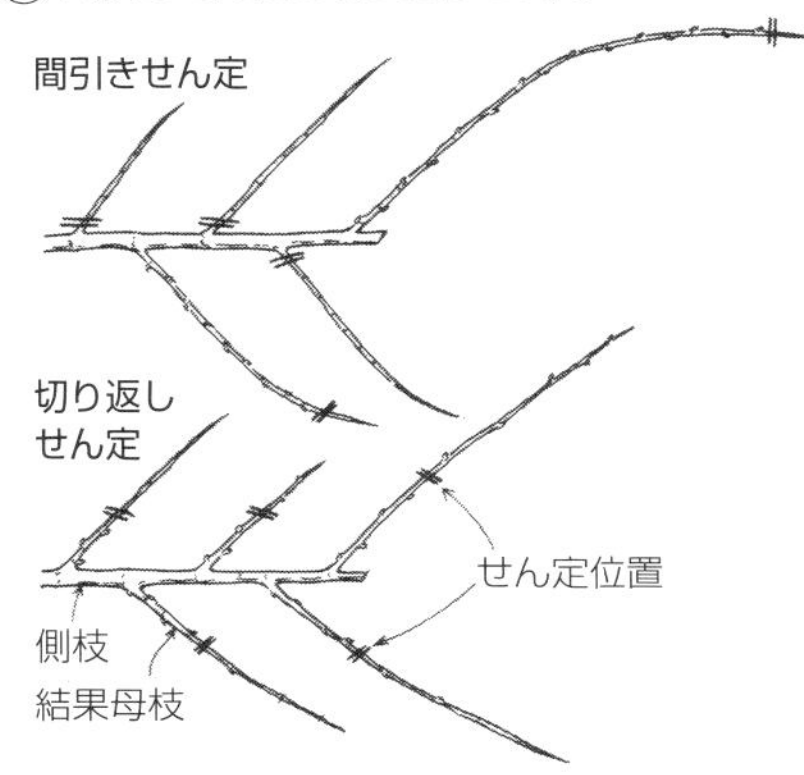

図53　せん定の手順と枝の切り方の基本

く葉1～2枚で止まり、葉色は成熟期まで濃い」。

このような、高生産樹相にするためには樹勢の調節が最も大切であるが、樹勢調節にとって最も効果的なのはせん定の強さである。せん定の強さとは切り落とす枝の量のことであり、切り落とす枝の量が多いほどせん定が強いという。

●せん定の強弱は残した芽数で決まる

せん定の強弱は切り落とす枝の量であるが、厳密には芽の数で判断する。残した芽数が少ないほど強せん定で、残した芽が多いほど弱せん定である。

新梢は前年に蓄えられた貯蔵養分によって生長する。貯蔵養分はおもに太い枝と根に貯蔵されており、主枝、亜主枝、太根などを切らないかぎり、せん定してもほとんど減らない。したがって、せん定で落とす芽数が多いほど（残った芽数が少ないほど）、1芽に供給される養分が多くなるので、よく生長するのである（図52）。なお、せん定の手順と枝の切り方の基本を図53に示した。

●「長さ」の感覚は芽数でみがく

結果母枝の切り方としては、樹全体の切り方と同じで、強くて太いものは長く、弱くて細いものは短く残して切るのが原則である。つまり、強くて太いものは芽数を多く、弱くて細いものは芽数を少なく残して切る。

注意したいのは、太い母枝は節間が長いので、長く残したつもりでも芽数が少なかったりする。また、節間は品種によってもちがうので注意したい。たとえば、デラウェアを栽培していた人がピオーネをせん定すると、ほとんどの場合強くなるが、これは節間の長いピオーネをデラウェアの感覚で切るからである（図54）。

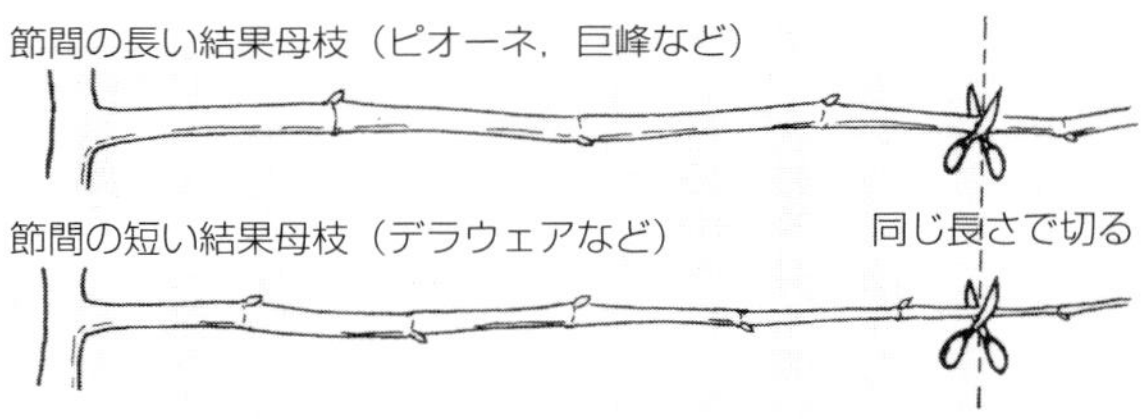

このような失敗をしないためには、せん定を始める前に芽数を数えて、長さと芽数の感覚をみがいておくことである。

節間の長い結果母枝（ピオーネ，巨峰など）
節間の短い結果母枝（デラウェアなど）
同じ長さで切る

図54　節間の長さによって同じ長さでも芽数がちがう
デラウェアでは5芽残っているが，ピオーネなどでは3芽しか残らず強くなってしまう

●休眠期の棚面の状態と樹勢の判断・せん定

やや弱い樹勢の露地デラウェア（図55-①）

図55-①と②は同じ露地ブドウ園の樹であるが、①の樹は結果的に収量過多だったのか、新梢の伸びや登熟が悪く、やや樹勢が弱っている。このような場合はせん定をやや強めにし、芽数を少なめにすることによって、理想的な樹勢にもどすことができる。

理想に近い生育の露地デラウェア（図55-②）

①と同じ園の樹だが、平均新梢長が1m以下で、10a当たりの本数が2万本以上あり、LAIは3.1で、収量は10a当たり2.4tであった。結果母枝の登熟もよく、このような樹のせん定は、前年と同じ程度にすればよい。

きわめて樹勢の強い無加温ハウスデラウェア（図55-③）　平均新梢長は3mで、数メートルの結果母枝が多い園で、LAIは6をこえており、果実の着色は思わしくなかった。このような園は、生産力が高いのにそれに見合った樹冠面積になっていないので、間伐して樹冠を広げ、思いきって弱せん定すれば優良園になる。

長梢せん定＝結果母枝の強弱とせん定

●結果母枝の強さとせん定の目安

では、具体的にどの程度の長さに切ればよいのであろうか。母枝基部の直径がデラウェアで9㎜以上、巨峰で10㎜以上では30～40芽、同じくデラウェアは5㎜、巨峰は6㎜以下なら5芽を目安にするとよい。その中間の場合には、太

さに応じて5～30芽を残す。

一般的にいえば、品種や生長の仕方で結果母枝の長さ、太さや登熟の長さなどはちがう。しかし、40節以上も登熟するほど強い母枝なら30芽以上、10節しか登熟していなければ5芽前後で切ればよい。

ただし、本数も関係するので、ものすごく強ければ交差してでも多く残すし、数芽しか登熟しない母枝がほとんどなら2～3芽で切るなど、よく考えて決めるようにする。

芽が多すぎたものは、かき取ることによって少なくすることができるが、少なすぎたのを多くすることはできない。判断に苦しむときには、やや多めに残すほうが無難である。

図55-①　やや弱い樹勢の露地デラウェア

図55-②　理想に近い樹勢の露地デラウェア

図55-③　きわめて樹勢の強い無加温ハウスデラウェア

●ハウスは節間が長くなる

ハウス栽培では、風がなく温度が高いために、新梢の節間が長くなりやすい。防風ネット栽培でも長くなる。したがって、ハウス栽培では、露地栽培と同じような感覚でせん定をすると残した結果母枝の芽数が少なくなり、知らないうちにせん定が強くなってしまう。

だから、露地栽培からハウス栽培へ転換したときや、両方の作型をつくっている場合は、せん定する前に露地栽培とハウス栽培の結果母枝をくらべて、同じ芽数でどれだけ長さがちがうか確かめておくのがよい。

●長大な結果母枝は長く切る

長大な結果母枝が多く出るのには、それなりの原因がある。樹の力がありあまっているからで、長大な結果母枝はよくないからと短く切ると、翌年はよけいに伸びてしまう。長大な結果母枝は長く残して利用しなければ、おさまりがつかない。

長大な結果母枝を長く切ると発芽も新梢のそろいも悪くなるといわれているが、とんでもないまちがいである。二次伸長や三次伸長したような枝ならいざしらず、順調に伸びた枝なら30芽以上残したほうが芽はそろってきれいに出る（図56）。

むしろ、短く切るほど頂芽優性が強くなり、先端と基部の勢力差がひどくなる。長大な結果母枝は思い切って長く切り、数多く残してやれば1年で樹勢は落ち着くものである。

思い切って弱せん定しても樹冠が重なり合うようなら間伐し、そうでないなら長く残した母枝が重なっても多く残す。

二次や三次伸長した結果母枝でも使わざるをえないときがある。そのときは、発芽促進剤や芽傷処理を行なうとよい。

図56　50芽以上の無せん定の長大母枝から出ているそろった良好な新梢（デラウェア）

●芽傷を効果的に活用

長大な枝は中庸な結果母枝や副梢にくらべると、発芽しにくく出た芽の生長が悪い場合が多い。そのようなときには芽傷をつけてやるとよい。とくに二次伸張した長大枝を残したら、芽傷は必須作業である

芽傷は樹液が動き出してからつけると効果が高い。芽から先端部に向かって5㎜ぐらいのところを、横に木質部に達するような傷をつけるのである（図57、58）。

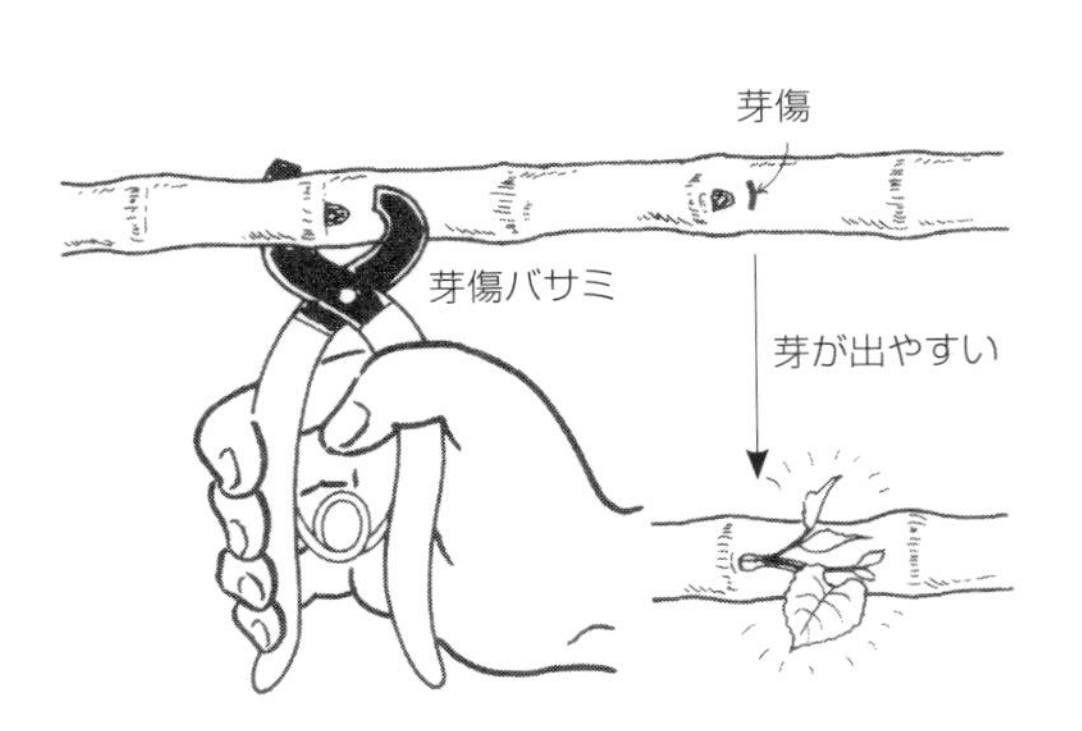

図57　芽傷をつけると長大な枝の芽が出やすい

図58
芽傷をつけた長大な二次伸長枝からの発芽（巨峰）

小刀でもできるが、専用のハサミか、安価なせん定バサミの受け歯をグラインダーで平らに

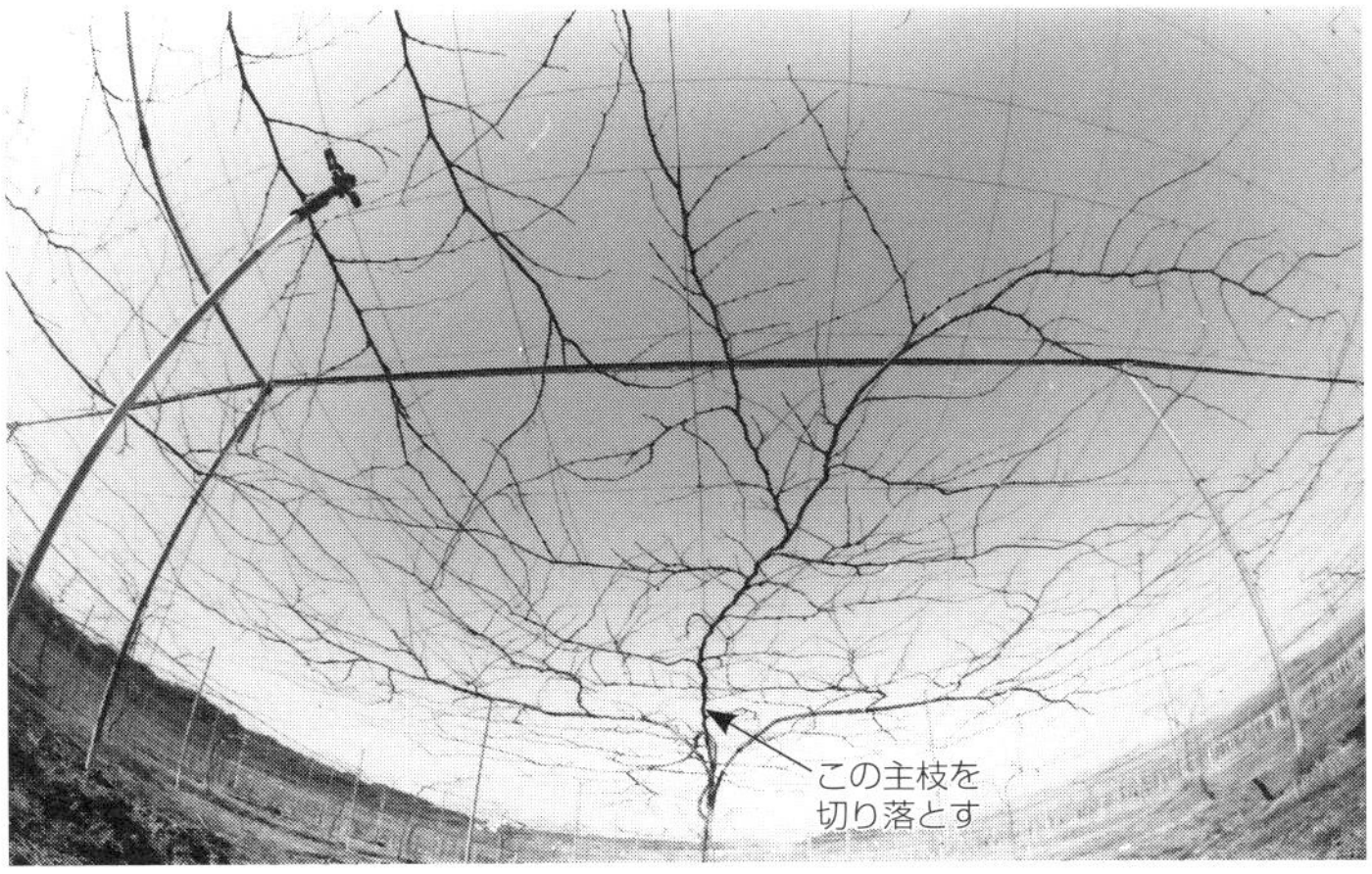

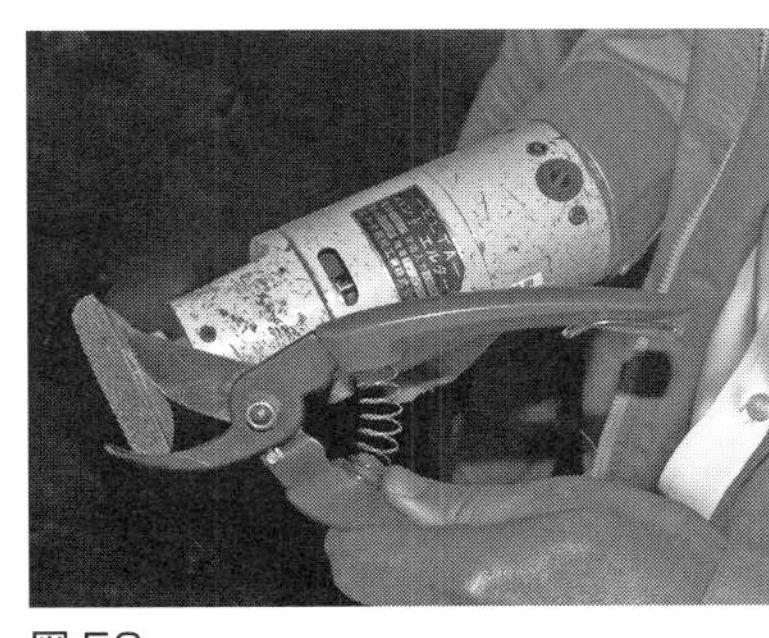

図59
せん定バサミの受け歯をグラインダーで削り平らにして使う

この主枝を切り落とす

① せん定前

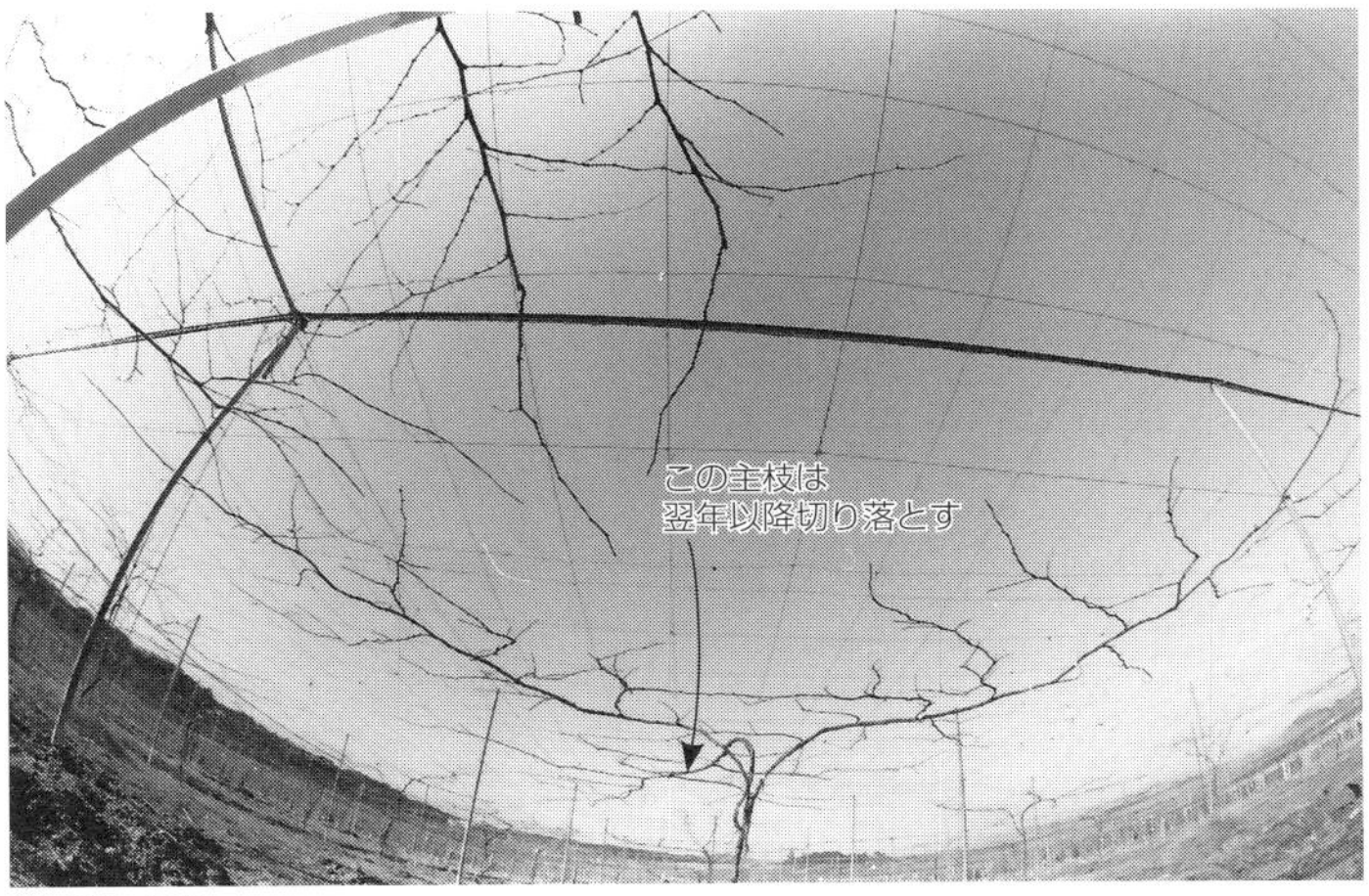

この主枝は翌年以降切り落とす

② せん定後

図60　永久樹の若木のせん定方法
樹勢中庸な5年生デラウェアの間伐予定樹を，永久樹に変更するためのせん定前後。4本あった主枝は追い出し枝1本残して2本に減らす。両方の主枝から第3，4主枝を伸ばす

削って使うと能率がよい（図59）。

●細いものほど短く切る

結果母枝が細いときはどうしたらよいだろうか。そのような樹は、樹勢が弱っていると考えられるので、同一面積のなかに残す結果母枝の数を前年より少なくして、しかも短く切ることである。

芽数が少ないと、翌年の収量が少なくなるからと多く残す人がいる。そうすると、新梢が伸びないために葉面積が確保できず、結局収量が上がらない。

長梢せん定＝収量や樹勢に対応したせん定

●永久樹は樹形を、間伐樹は収量を考えてせん定

若木では収量を高めるため、追い出し枝などを使うが、それが主枝予定枝より強くなることがある。将来の樹形を形づくることを念頭において、負け枝にならないよう主枝や亜主枝候補を選ぶ。

同時に、それらの先端の枝には必ず強くて太い結果母枝を短めに残す（図60-①②）。

間伐予定樹は、いずれ切るのだから形や負け枝などにあまり気をつかわなくてよい。それより、収量を上げるように、結果母枝は多く残し芽数を多く残してせん定するようにする（図61-①②）。

●老木と弱勢樹は思い切って強く切る

老木になると樹勢が弱くなりがちである。また、早期加温をつづけたり、病気にかかると樹勢は弱る。このような樹は、土壌改良して肥料を多く施しても、すぐには回復しない。

しかし、せん定を強くすれば、翌年ただちに樹勢を旺盛にすることができる。もし、そうならないのなら、まだせん定が弱いからであり、樹冠を思いきって切りちぢめる（図62）。

なお、樹勢が中庸な樹は、前年と同じ程度の結果母枝を残せばよい（図63-①②）。

●追い出し枝はポリでしばる

長梢せん定では、若木の収量を上げるために、追い出し枝を上手に利用する。植え付け1年目から主枝や亜主枝を重要視するあまり、それ以外の結果母枝を落としてしまうと、残せばとれるはずの果実がとれなくなる。それだけ収量が減ってしまう。

それを防ぐため、亜主枝よりもやや弱い結果母枝を、混まない程度に残し、1～2年収穫してからせん定時に元から間引く。間引いたところは空間ができるが、そのときは第1亜主枝を誘引して埋めてやる。これを返し枝という（図64）。

なお、追い出し枝は、基部をポリエチレンのひもを数回巻いてしばっておく。1～2年後にポリエチレンのひもがくい込んで太らなかったところをノコで切る。こうすると切り口が小さく癒合しやすい。なお、ビニルのひもは伸びるので使わない。また、針金を使うと外すのがめんどうである（図65）。

① せん定前

② せん定後

図61　間伐樹の若木のせん定の仕方
やや樹勢が弱い4年生デラウェアの間伐樹のせん定前後。主枝先端にある大きな側枝も残して収量を上げる。このように間伐樹はせん定の程度が適度であれば，棚面をできるだけ埋めるように結果母枝を残す

図62　老木のせん定例（無芽かき）
樹勢が中庸よりやや弱い21年生のデラウェアのせん定後の発芽。結果母枝は2～3芽と短く切り，枝数を多く残してせん定

① せん定前

② せん定後の芽立ち

図 63
樹勢中庸な樹のせん定例
樹勢が中庸な露地栽培 12 年生巨峰のせん定前と，せん定後の発芽の様子。このような標準的な生育をしている場合は，前年と同じ程度の結果母枝を残すようにすればよい
（➔は移動，‖はせん定位置）

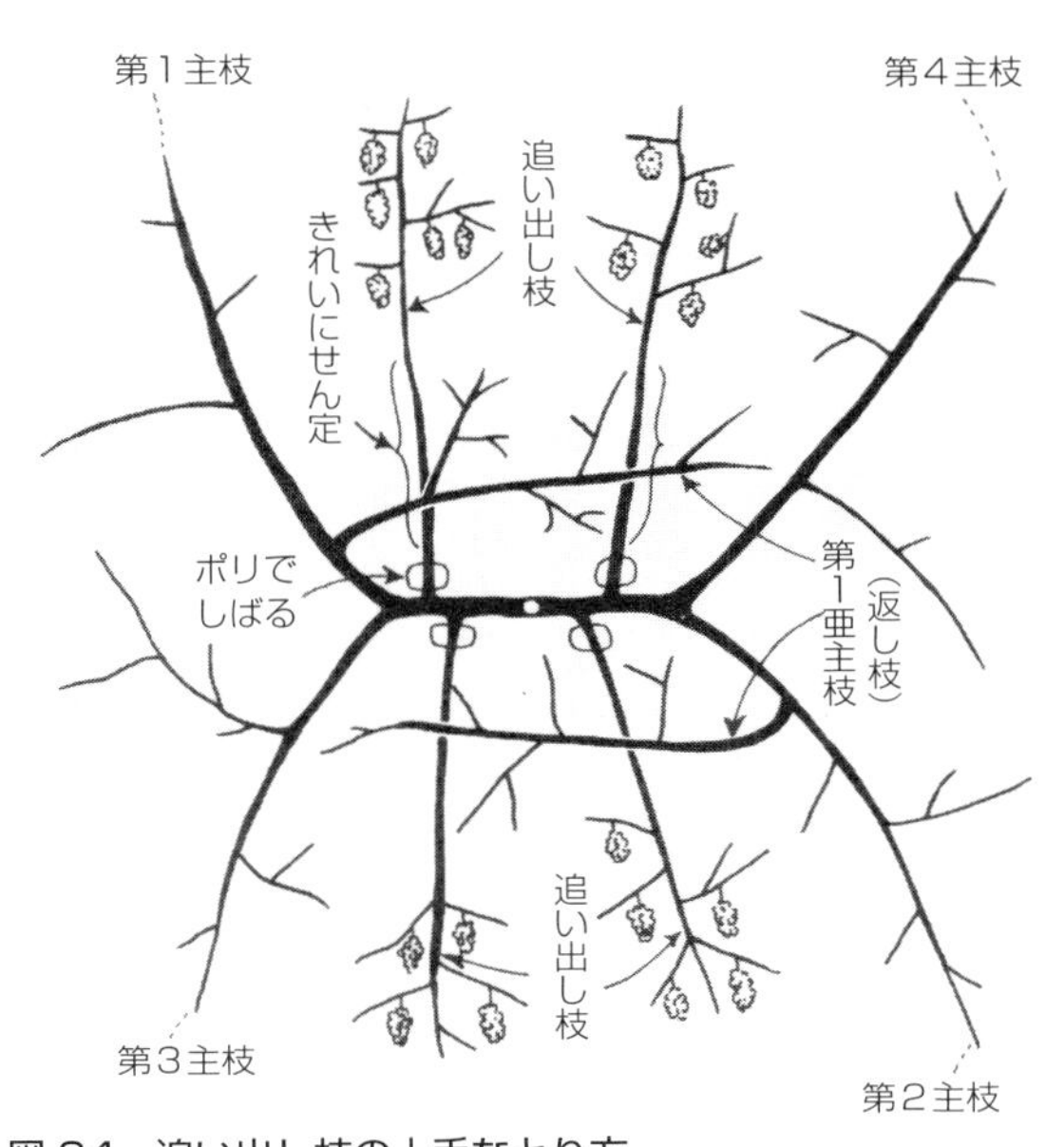

図 64　追い出し枝の上手なとり方
幹近くのふところ枝は亜主枝で埋め，樹幹外周の空いたところは追い出し枝で埋めて収量を上げる。追い出し枝の茎部は新梢が出ないよう，きれいにせん定する

図 65　追い出し枝はポリエチレンのひもでしばる

人工型平行整枝（短梢せん定）の整枝・せん定

短梢せん定＝短梢せん定の基本は主枝の平行性

●作業性が高く、せん定も容易

短梢せん定の樹形には一文字整枝、H型、ダブルH型などがあるが、いずれも主枝は一定間隔で平行に配置されている。そして、側枝から出た1～2芽にせん定された結果母枝の芽から新梢が出るので、株仕立てが主枝の左右に交互についているようなものである。

新梢すなわち結果枝は、主枝と直角に配置されるので、果実は主枝の両側に整然と並んでつく。したがって、新梢管理はもちろんのこと、ジベレリン（GA）処理や着果管理などが効率よく行なうことができる。また、主枝の長さが同じなので、長梢せん定で問題になる負け枝がおきないという利点もある。

しかもせん定は、毎年、側枝から出た結果母枝の基部の芽一つか二つを残して切ることをくり返せばいいので、初心者でも容易である。

●花振るいしやすい欠点は種なし化で克服

短梢せん定は、せん定量が多くなるので強樹勢になりやすく、樹勢調節がしにくいので、とくに花振るいしやすい大玉品種の種あり栽培は、花振るいがひどくなるのでむずかしかった。

しかし今日では、これらの品種もフルメット液剤の加用による開花期のGA処理による種なし化が主流になってきており、短梢せん定でも安定して栽培できる。そのため、短梢せん定による栽培が広がっており、その意義は大きい。

●風には弱いので防風は必須

新梢の基部が硬くなる前に強い風が吹くと、新梢が容易に脱落してしまうので、樹冠に穴ができる欠点がある。したがって、露地栽培は風当たりの少ないところ以外ではおすすめできないが、ハウスにするかネット二重棚にして、風を完璧に防げば可能になる。

短梢せん定＝現在の枝管理では葉面積が少ない（LAIが低い）

岡山県の大崎守氏が開発し、太田敏輝氏が発展させた短梢せん定は、主枝の長さは片側で5.5～9m、主枝の間隔は1.8～2.1mとなっている。現在はその中間をとって、主枝間隔2m、側枝間隔20cmがおもに用いられている。

太田氏はその根拠として、房先7枚で摘心した新梢の長さの平均が80cm、それから出る副梢の長さ45cmを加えると125cmになり、となりあう主枝の新梢とは25cm重なりあい、葉面積が確保できるとしている。

くわしくはLAIの項で述べるが、シャインマスカットも含めブドウの最適LAIは4であるが、このやり方ではLAI4どころか2さえも確保することはむずかしい。

この主枝と側枝の間隔では、10a当たりの新梢数は2500本になる。平均新梢長が125cmの葉面積は0.509㎡なので、10a当たりの葉面積は1273㎡になる。すなわち、LAIは1.3ということになる。これでは、1.2t程度の果実しか正常に成熟させられず、2t、3tの多収は望めないだろう（図66）。

短梢せん定＝葉面積を増やせばもっと多収できる

葉面積を増やすことは、葉面積指数＝LAIを高めることである。ブドウの最適LAI4に近づけることによって、高品質・多収のブドウづくりが実現できる。

●結果母枝数を増やして葉面積を増やす

10a当たり2500本（カ所）しかない側枝

表2　主枝間隔2m，側枝間隔 20㎝のシャインマスカット で LAI 4にするために必要な新梢長別新梢数（安田，2016）

新梢長（㎝）	葉面積（㎡）	必要新梢数（本）	
		10a 当たり	側枝当たり
50	0.098	40,816	20.4
75	0.235	17,021	6.8
100	0.342	11,706	4.9
125	0.509	7,859	3.1
150	0.645	6,198	2.5

図 66　1 本の側枝（結果母枝）から 1 本の新梢しか伸ばしていない
従来の新梢のとり方だが，これでは葉面積が不足し，多収は望めない

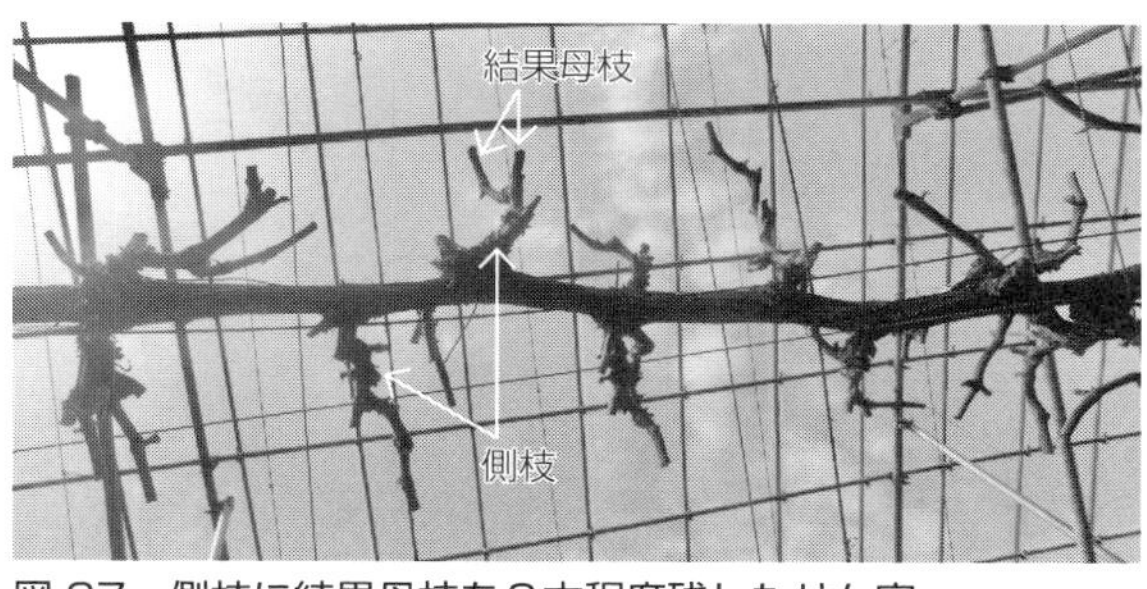

図 67　側枝に結果母枝を２本程度残したせん定

から、新梢を1本出したのではLAIは4にはならないと述べたが、それでは何本残せばいいのか。

葉面積は新梢の長さに比例するので、短ければ多く残さなければならず、長ければ少なくてよい。

新梢長と葉面積との関係は品種や樹勢などでちがうのでいちがいにはいえないが、表2から計算すると、シャインマスカットの場合LAIを4にするには、1本の側枝当たり平均100cmの新梢なら4.9本、125cmの新梢であれば3.1本必要になる。

どうすればそれだけの新梢を出すことができるのだろうか。それには、1側枝1本の新梢という常識をかえること以外に方法はない。まず、これまで側枝についている1本の結果母枝を1芽でせん定していたのを2芽残してせん定し、2本の新梢（結果枝）を出す。そして、翌年は2本の結果母枝を残してそれを2芽でせん定すれば、新梢は4本に増える（図67）。

これを最初から行なえば、側枝からの新梢が欠落することはないし、最適LAIを確保することも可能になる。

●側枝間隔を狭くしてLAIを高める

これ以外に、側枝間隔を狭めることで新梢を増やすこともできる。指導では側枝間隔は20cmとなっているが、それはあくまで目標である。実際は主枝にする新梢の生長の強弱によって決まる。主枝にする新梢の生長が強ければ強いほど節間は長くなるので、側枝間隔は長くなる。

したがって、主枝形成時の新梢の生長をコントロールできれば、側枝間隔を狭めることはできる。

実際にLAIを4にして、シャインマスカットを3t以上とっている農家では、主枝間隔は2mだが側枝間隔が15cmで、結果母枝は1側枝

図 68　シャインマスカット3ｔどり園の 10 月 25 日の新梢の登熟状況
新梢本数が多いので登熟しない枝が多いが，登熟している枝も多い

当たり3本残していた。しかも、1本の結果母枝から2本の新梢が発生しているものもあり、新梢数は10ａ当たり1万7000本だった。ただ、園主によると1万4000本くらいがよいという。

こうすると、弱い新梢は細く登熟しないものが多くなる。こうした新梢は光合成はするが、生産した光合成産物（糖）は登熟に使われないので、そのほとんどを果実にまわすことになり多収になるのである（図68）。

●主枝間隔と長さを見直してＬＡＩを高める

しかし、側枝間隔を思うようにするのはきわめて困難である。それに比較すれば主枝間隔をかえるのは容易である。

主枝間隔が広ければ広いほど、主枝間の樹冠を埋めるのに、長い新梢を多く使う必要がある。それに対し、主枝間隔が狭ければ短い新梢で樹冠を埋めることができる。

筆者は、主枝間隔2ｍは覚えやすい数字であるが、後述するように高品質多収をねらうには広すぎるのではないかと考えている。

主枝間隔を狭めれば、同じ樹冠面積にするには主枝の長さを短くすることになる。それがめんどうなら、前述したように、側枝からの新梢発生本数を増やせばよい。

短梢せん定＝栽植本数と樹形のつくり方

●最適栽植本数の考え方

肥沃な土壌ほど樹勢が強いので、それだけ樹冠を大きくしなければ落ち着かない。そのため、適正栽植本数は、おもに園地の土壌条件によってちがうが、現在主流になっているのは、1樹の樹冠面積が50㎡で、10ａ当たり20本植えである。

最近は点滴灌水装置を設置することによって、液肥による施肥と灌水が同時に自動でできるようになった。

そのため、灌水と施肥を調整することによって、樹冠面積を一定にしても適正な樹勢に調節できるようになったので、20本植えというのはおぼえやすく妥当な数値だろう。

●主枝間隔と主枝長の目安（シャインマスカットの例）

短梢せん定は主枝が並行していれば、1樹当たりの主枝が、1本だろうが2本、4本でも自由につくることができる。そこで、一文字型、H型、ダブルH型、双方5分枝型で、樹冠面積50㎡を確保するための主枝間隔と主枝の長さを表3に示してみた（図69）。

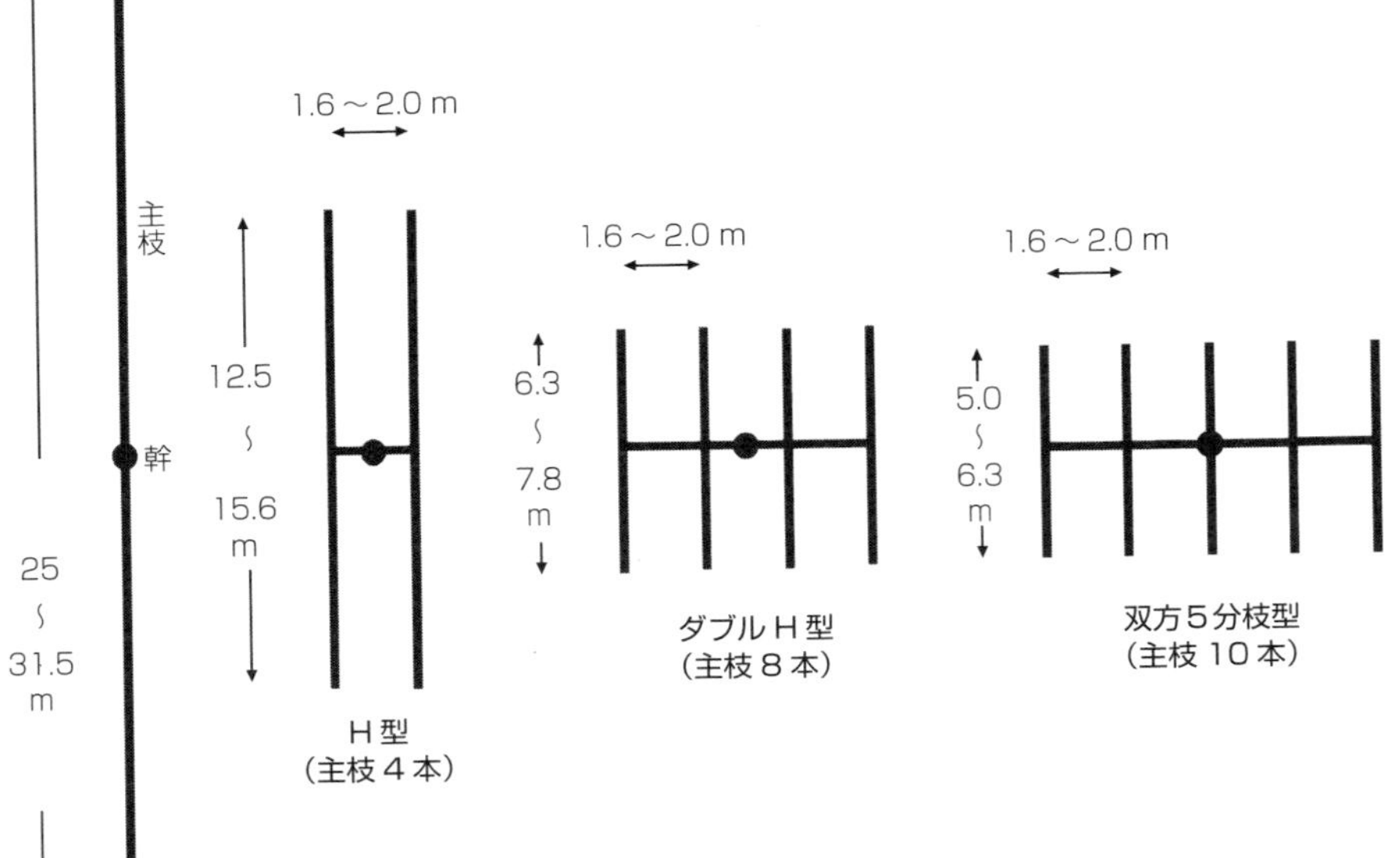

図69　樹幹面積 50㎡の短梢せん定の主枝本数別平面図（シャインマスカットの例）

なぜこんなことをしたかといえば、ブドウの幹が棚の中支柱やハウスの柱のあいだにあると、作業のじゃまになるので、できるだけ柱の近くに植え付けたい。ところが、それらの間隔は、一定ではなくバラエティーに富んでいるからである。

間口４ｍのハウスで谷間の主柱近くに植え付けるとすると，主枝間隔２ｍの型がやりやすい。しかし、積雪地帯などでは雪に強い3.6ｍ間口のハウスが使われる。そのとき谷間に植え付けると、主枝間隔は1.8ｍになる。

表３　樹冠面積 50㎡の短梢せん定での主枝間隔，主枝本数と主枝長の目安（高橋，2019）

主枝間隔（m）	主枝本数別主枝長（m）			
	５本主枝	４本主枝	２本主枝	１本主枝
1.6	6.3	7.8	15.6	31.5
1.8	5.6	6.9	13.9	27.8
2.0	5.0	6.3	12.5	25.0

また、園の地形がゆがんでいるときなど、主枝１本分があまったり、３本にしたかったりすることがある。そういうときの判断用に使えればいいと考えたのである。

●主枝間隔1.6ｍでも狭くない

表３にある、主枝間隔1.6ｍは狭いのではないかと思われるだろうが、そんなことはない。ブドウの最適ＬＡＩは４なのである。主枝間隔２ｍでは、無芽かきにしてもＬＡＩを４にするのは容易ではない。しかし、主枝間隔を狭くすれば達成しやすくなる。実際にやってみると、けっこううまくいく。

●品種や樹勢がちがう場合は調整する

以上は，シャインマスカットについてであり、新梢と葉面積との関係が異なる品種や、同じ品種でも樹勢によってちがいがでる。

ピオーネや巨峰なども葉が大きいほうなので、ほぼシャインマスカットと同じ考えでよいだろう。しかし、デラウェアのように葉が小さめの品種では、新梢本数を増やす必要がある。最適葉面積指数かどうかは、棚下に草が生えない程度の明るさということで判断すればよい。

短梢せん定＝樹形づくりの手順

●主枝づくりの順序

短梢せん定でも、ブドウであるかぎり生長のしかたは長梢せん定の場合とかわらない。すなわち、苗から出た一番上の新梢は強くなければならない。そこで、Ｈ型とダブルＨ型の主枝をつくる順序を図70に示した。図中の数字は主枝番号で、Ｈ型では一番早く完成させるべき主枝が１で、数値が大きくなるにつれて遅くつくられることを示している。

しかし、ダブルＨ型では３～６番の主枝が早くつくられ、１、２、７、８の順につくられる可能性が高い。それは、苗木（主幹）からの距離が近いほど、主枝先端に到達するのが早いからである。

●Ｈ型とダブルＨ型の樹勢のちがい

Ｈ型は１本の新梢で全ての主枝をつくる方法を、ダブルＨ型は２本の新梢でつくる方法を示している。こうすると、Ｈ型の第４主枝は三次梢でとるのにくらべ、ダブルＨ型は第３～８主枝を副梢でとるので、樹冠形成が早いという利点がある。

加えて、主幹の長さは地面から苗木の先端までなので短い。主幹は短いほど樹勢は強くなるので、主枝間隔が２ｍと広い樹形のときでも、新梢の数が多く出て伸びもよくなり、ＬＡＩを確保しやすくなる（図70）。

●１本の新梢からダブルＨ型をつくるのも可能

もちろん、ダブルＨ型や双方５分枝型であっても、１本の新梢からつくることは可能である（図71）。

樹冠拡大を早めたいのなら、植え穴を大きめにして肥沃化し、生長しだしたら窒素の追肥を

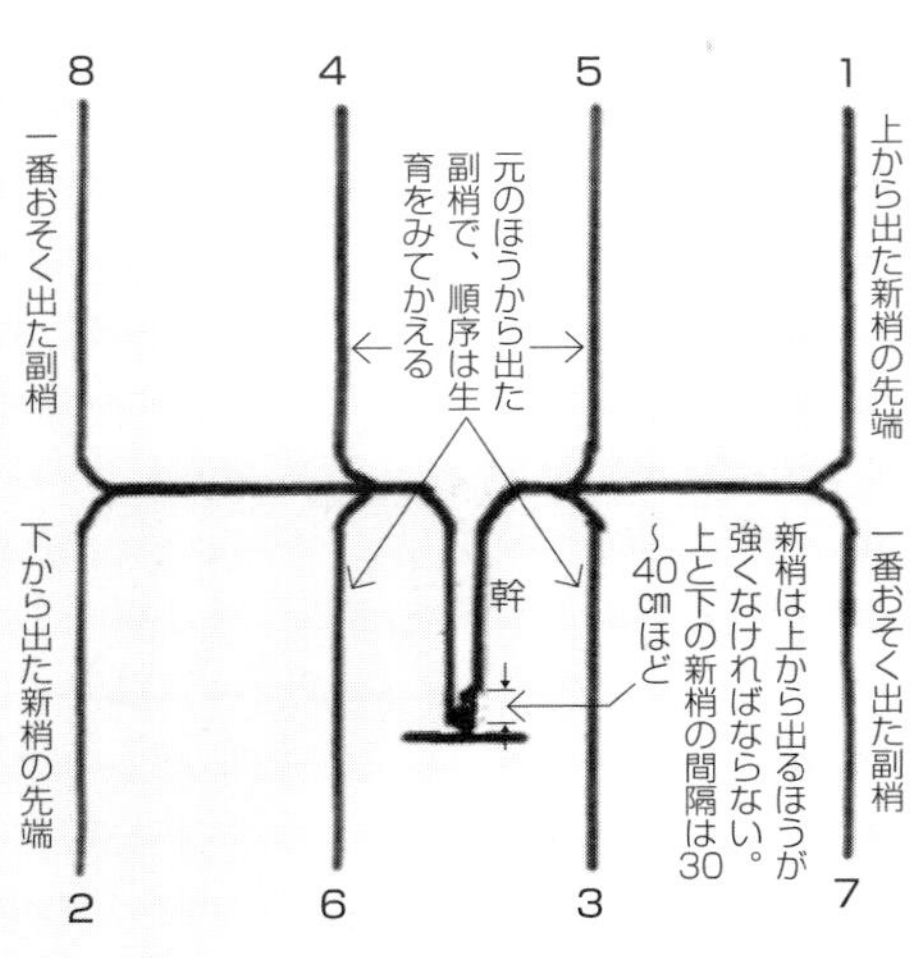

B. 2本の新梢でダブルH型を育てる場合
主枝1，2，7，8は1年目に完成することができない場合は，2年目に出た新梢で完成させる。3～6は1年目の完成をめざす

A. 基部に近い新梢1本でH型を育てる場合
十分伸びないときは登熟した主枝の先端50cmないし1mくらい切りもどす。順調に生育すれば1年目で完成する

図70 短梢せん定の主枝形成の順序
数字は主枝番号で，数値が大きいほど遅くつくられる

くり返せばよいことである。

しかし、植え付けた年に完成させるためには、第1主枝になる新梢は棚までが2m、第3主枝の分岐までが3mで、そこから主枝の先端までは3～4m伸ばす必要がある。したがって、1年で8～9mでせん定できるほど生長させなければならない。

第4主枝は第三次梢でつくるにもかかわらず、第1主枝と同じ長さでせん定しなければならず、そこで切れるように十分伸ばすのはかなりむずかしい。

それにくらべ第5～8主枝は、第三次梢であっても第1～4主枝にくらべ2m短くてすむので、1年目に完成させやすい。

主枝候補枝の冬季せん定は、登熟した枝の太さが1.5cm以上（品種や樹勢によりちがう）あれば50cm～1m切り返す。そして、2年目に出た新梢でその先の主枝をつくり、2年で完成させるようにしよう。太く充実していても、半分に切り縮める方法では、樹冠の拡大を遅らせるだけでなく、翌年の発芽ぞろいも悪くなる。せん定を強くしないと翌年の発芽がよくないという考え方は根拠がない。

●主枝は棚下15cmに下げて伸ばす

主枝を長梢せん定と同様棚上に配置することもできるが、ブドウはつる性といえども新梢は重力にさからって、上に伸びようとする（図72）。そのため、誘引するときに芽が欠けることが多い。

それを防ぐため、主枝を誘引するための19mmのパイプを棚下15cmに吊るすようになった。そのとき、主幹から左右に分けられた枝を主枝と同じように、棚下で伸ばすと主枝のあいだを歩くときじゃまになる。そこで、その枝は棚上で伸ばし、主枝の位置から主枝誘引パイプに下げる方法をとると歩きやすい（図71）。

短梢せん定＝結果枝を十分確保するための毎年のせん定

●結果母枝のせん定

短梢せん定が容易なのは、結果母枝の強さに関係なく全て1芽残してせん定するからである。これは、ブドウの結果母枝の腋芽のほとんどに花芽が含まれているからできる技である。

マスカット・オブ・アレキサンドリアのように、目にみえない陰芽を残してせん定することもできる。それは、側枝が長くなって結果枝のない部分が広がるのを防ぐ意味もあるだろう。

しかし、巨峰系など品種によっては、基部の芽の充実が悪く発芽しないものもある。

そのような場合には、2芽を残してせん定することが多い。2芽とも発芽して伸長した場合、従来のやり方では、基部の新梢を残して先端の新梢を欠く場合が多かった。しかし、葉面積を確保するには2芽とも残し、基部の枝は摘穂して母枝候補にし、先端から出た枝に着果させるほうがよい。

ＬＡＩ4を目標とする新しい考え方からすれば、前述したように側枝に複数の結果母枝を残し、2芽でせん定して新梢数を増やして、早期に最適ＬＡＩにもっていくほうがよい。

主枝の冬季せん定
登熟していれば充実しているので，太い部分の先から50cm～1m程度切りもどす。2年目には完成させたい
④ 第3三次梢
⑥ 第1三次梢
棚線の下15cm
主枝誘引パイプ
⑦ 第3副梢
主枝先端部
① 新梢の先端
棚線
弱い新梢や二，三次梢はできるだけ残して葉面積を確保する。強くなるようなら，ねん枝や摘心で伸ばさない
棚線から下に降ろして主枝誘引パイプにそわせて伸ばす
主枝の冬季せん定
第1副梢の先端 ②
第2三次梢 ⑧
第2副梢 ⑤
③ 第4副梢
摘心
苗のせん定は，なるべく茎部に近い充実した芽で切る
新梢は2本残して芽かきし，30cmくらい伸びたら1本にする

図71　1本の新梢でつくるダブルH型短梢せん定1年目の生長（①～⑧は主枝のとり方の順序）

図72　デラウェアの芽立ち
新梢は上に伸びようとする

●結果枝がとれてしまったときの対策

新しい方法では、側枝に複数の結果母枝が残っていれば、1本が欠けたくらいでは問題にはならない。しかし、側枝から1本の新梢だけ残すやり方で、風による折損や、誘引時や誤って触れたために欠けた場合は、前後の側枝から出ている結果母枝を長く残して、欠けた側枝のほうへ誘引して埋めるのがよい。

発芽期から養分転換期の作業

せん定した枯れ木のようなブドウが発芽して生育をするのは、枝と根に蓄えていた貯蔵養分のためである。だからこの時期は貯蔵養分が十分だったかどうか、せん定の強さは適当だったかなどが判断できる。

また、1年の成果をだいなしにしかねない、晩霜のおそれがあるので、ゆだんは禁物である。

(発芽率と発芽勢の診断と対策)

●発芽の不ぞろいと対策

露地栽培や雨よけ栽培で発芽が不ぞろいなら、前年に早期落葉、あるいはさび病やフタテンヒメヨコバイなどの病害虫による落葉などが考えられる。収穫が終わってからも気を抜かないことを肝に銘じたい。

加温栽培で園全体の発芽のそろいが悪ければ、ハウス内の温度にムラがあったと考えられるから、ダクトの位置をかえるなどで対処する。結果母枝の先端ばかり発芽して、基部が発芽しないのなら、被覆後の温度の上昇が早すぎたのかもしれない。

もしも、発芽率が1割にも満たないくらいに悪く、そろいがよくなかったときには、ゆっくり生長するように温度を下げるのがよい。あらかじめ芽傷をいれておくのも一つの方法である。

加温栽培では室内の湿度が100%になるように、十分に灌水や散水する。熱心な人は、結果母枝を中心に枝に散水するなどして、樹体内の水分を高めるようにしている。

●不発芽の原因は主芽の枯死

巨峰系品種では副芽がよく発芽するが、正常な腋芽では主芽はやや前方へ向かって勢いがよく、副芽はそのとなりで少し小さい。副芽は二つあるが一つだけしか出ないものと二つ出る場合がある。いずれの場合もあきらかに主芽が大きい。

ところが、腋芽の位置から出た2～3本の芽が、他の腋芽から出た正常な芽より弱くてはっきりした差がないときは、腋芽の主芽が枯死している場合がある。原因は、前年の生育が強勢すぎたか、開花期前後に窒素が効きすぎた可能性がある(写真ページ参照)。

●結果母枝の基部の発芽が悪い

20～30芽も残した結果母枝で、先端部の発芽はよいのに基部の発芽が悪いのは、前年に二次生長したためである。

二次生長すると、二次生長部分は丸くて正常で芽もよく発達している。しかし、一次生長部分は二次肥大するため茎が扁平になり、また枝内の窒素含量も低くなるので、主芽が枯死している場合が多い。そのため発芽を悪くしているのである(写真ページ参照)。

(必要果房数と摘房のタイミング)

●花穂は大きくて多いほどよい

展葉6～7枚ごろになると、ほとんどの花穂がみえてくる。花穂は第3節目に第1花穂がつき、つづいて第4節目に第2花穂がつく。そして1節飛んで、3、4花穂がつくことをくり返す。

デラウェアでは1結果枝当たり3～4花穂つ

くのが普通である。巨峰や甲斐路、シャインマスカットなどの大房系の品種は、花穂が少なく2～3花穂が普通である。いずれの品種でも、花穂の多い新梢が多くついているほど貯蔵養分が多かったわけで、幸先はよいといえよう。また、同じ花穂の数なら、花穂が大きいほど栄養状態はよいと考えてよい。

●必要果房数と種なし栽培での摘房

結果枝には多いもので4個くらいの花穂がつくが、残す房数はデラウェアのような小房の品種でも10a当たり1万5000房もあればよい。ピオーネやシャインマスカットなどは3000～5000房あれば十分である。

結実しやすい品種や、フルメットを加用したジベレリン（GA）処理による種なし栽培では、残す予定の1.2倍程度の花穂を残し、できるだけ早く不要な花穂は摘み取るのがよい。貯蔵養分を使って生長するので、蕾の数が少ないほど、一つの蕾へ供給される養分は多くなる。したがって、早く花穂の切り込みをするほど種がはいらず果粒肥大もよい。

●種あり栽培での摘房

巨峰やピオーネなど種がはいりにくい品種は、短い枝によく結実する。したがって、種あり栽培をするときには芽かきしないことと、結実がはっきりするまでは摘房を控えることが必要である。

摘房はしないで、止まりそうな短めの結果枝の花穂を、開花5日前ごろから開花直前くらいに、残す房数の1.2倍程度を整形するだけにする。こうすると、種なし果粒は落果し、種あり果粒だけが残る房が多くなる。

開花後2週間ころになると、結実したかどうかわかるようになる。この時点では、ものすごい数の房が残っているので、不要な果房は一挙に摘房しなければならない。遅れるほど、残った房の果粒の肥大が悪くなるので、結実を確認したらできるだけ早く行なう。

なお、ごく短い結果枝は結実が悪く、ほっておくと花穂が枯死脱落するものが多い。

（誘引はねん枝と組み合わせて）

●誘引は開花期前後に行なう

ブドウはつる性なので、支えとして平棚が開発されたが、収量の面からいえば棚全面を葉で覆う必要がある。

ところが、ブドウの新梢は真横に伸びるのではなく、斜め上方へ生長しようとするので、誘引して棚にまんべんなく新梢が配置されるようにつけてやる。しかし、開花期以前に新梢を棚につけようとすると、根元が硬くなっていないため折れてしまいやすい。また、折れなくなってからでは、元の方向へもどってしまう。

図73　新梢の基部が硬くなったらねん枝する

そこで、開花期前後（展葉10枚）ごろ、新梢の基部が硬くなったころに基部をねじってから誘引する。右手で3～4節目を持って、時計回りに根元を「ピチッ」というほどねじるのである（ねん枝という）（図73）。

枝の数が少ないときは、テープナーなどで棚線に止めておく。そうしないと、強い新梢はまた元にもどるからである。

●短い枝はほっておく

30㎝以下の短い新梢は誘引しにくいのでほっておく。とくに、果房がつかない新梢は立ったままにする。そうすると、結果的に葉の層が厚くなり光を受ける効率が高まるので好つごうである。

芽かきの判断と方法

物質生産を増やすためだけなら芽かきは不要であるが、従来とちがった観点から芽かきについて述べてみたい。

●不要な芽もある

ブドウは結果母枝の腋芽からの発芽を除くと、他の果樹にくらべて目にみえないところから出る不定芽はきわめて少ない。しかし、幼木や若木では、主幹や縮伐するときに切り落とした、追い出し枝の切り口近くから新梢が出ることがある。

この新梢はほとんどが花穂をもたず、放任すると強大な徒長枝になり、主枝や亜主枝候補の生長を乱すことになりやすい。また、果実分配率を下げる原因にもなるので、みつけしだいかき取る。

●長梢せん定の摘穂がわり

ブドウの新梢は結果枝がほとんどで、1新梢に2～4花穂つくことが多い。デラウェアでは3～5花穂もつく。また、樹勢が落ち着いた巨峰はほとんどが結果枝になり、花穂の数がものすごく多くなる。

デラウェアを例にあげると、1万5000本の結果枝を残したとすると、花穂は4万5000から6万穂つく。残す果房数はせいぜい1万房、多くても2万房だから、3万5000から4万花穂はいらないわけで、切り取る必要がある。

栽培面積が少ない場合は、花穂がみえはじめたら、不要なものを指で摘み取れば、高品質多収に貢献できる。ところが、大面積をつくるときには、摘穂の手間がかかりすぎる場合があり、そのときには、やむをえず花穂のついたきわめて短い結果枝を芽かきで落とす。

このやり方は、種なし栽培のシャインマスカットや巨峰、ピオーネなどでも行なわれている。

●短梢せん定の芽かき

短梢せん定でLAIを4に近づけるためには、新梢を多く残さなければならない。最適LAIをめざすなら、1万本以上の結果枝を残すことになる。

芽かきはLAIが4をこえそうなとき行なう。そのときは、最も強い結果枝を芽かきすることになる。短い結果枝は、物質生産を増やし果実分配率を高める重要な「稼ぎ枝」であるだけでなく、芽かきしてもLAIを下げる効果は少ないからである。

目的に合わせた摘心のポイント

結果母枝をもつ果樹にはブドウ以外に、カキ、クリ、キウイがあるが、摘心をするのはブドウだけである。ブドウはつる性でしかも枝の伸びる長さが段ちがいであり、それが摘心技術のポイントかもしれない。

摘心の目的はいろいろあって、いちがいにはいえないが、基本的には結実促進とLAIの制御ではないかと思う。

●結実をよくする摘心

ブドウは理想的な樹相の場合には摘心しなくてもよく結実するし、新梢は適度な長さで止まってくれる。できるだけこのような樹相に仕上げたいが、そうならないときには摘心を行なう。

種あり栽培の巨峰など花振るいしやすい品種では、結実がわかる開花後2週間ごろまで、芽かきや摘心をしない。摘心すると結実は促進されるが、種なしの果粒が多く結実し、それを取り除くのに多大の手間がかかる。

デラウェアなど開花期前GA処理による種なし栽培では、GA処理単独では花振るいしやすかったため処理時に摘心したが、より結実を確実にするために処理前に摘心していた。

その後、フルメット液剤が使用できるようになり、かなり強い新梢でも結実するようになった。そのため、満開期GA処理の種なし栽培でも、フルメット液剤が使用できるようになってからは結実が安定し、よほどのことがないかぎり摘心する必要はなくなった。しかし、樹勢の強い結果枝は花振るいしやすいので、安全のために摘心するほうがよい。とくに、デラウェアのように開花前GA処理をする品種では、強い新梢は必ず摘心する。

　摘心の方法は、花振るいのおそれが少ない品種や樹では、展葉したての葉の先で摘心するか、しなくてもよい。花振るいのおそれが大きい品種や樹では、7～8葉で摘心するとよい。さらに、副梢も1葉残して摘心すれば、より結実はよくなる。

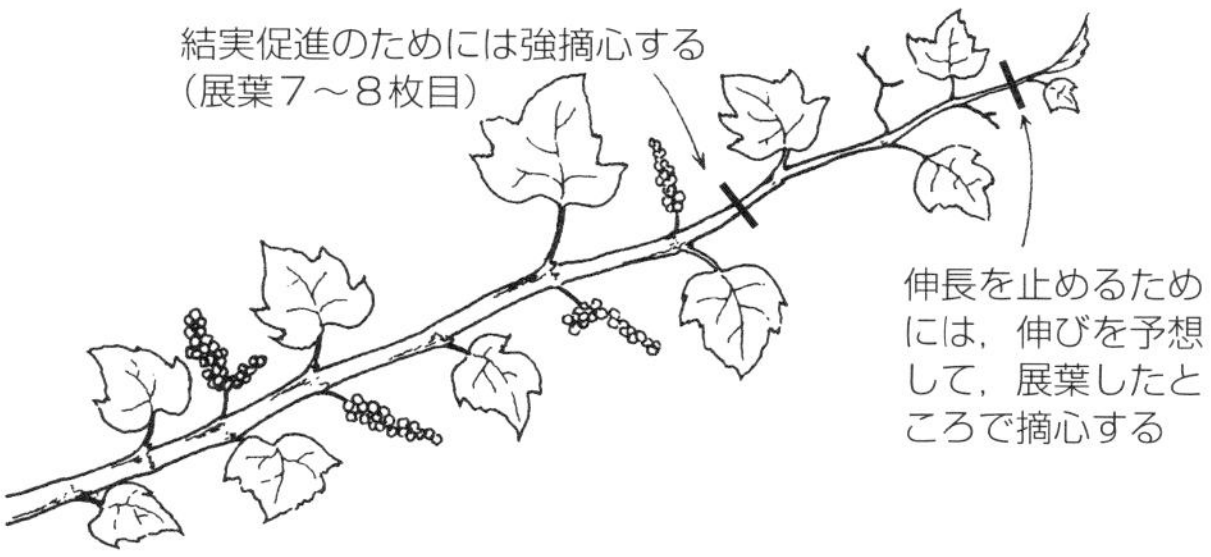

図74　摘心の目的と程度
少し伸ばしてから止めたいときは先端部で，伸ばす必要がないときは展葉4枚より元の位置で摘心する

●新梢の伸長をおさえる摘心

　摘心は新梢の生長を抑制する作用がある。したがって、樹冠を拡大しなければならない幼木や若木の主枝、亜主枝、側枝の先端は摘心してはならない。しかし、それ以外の新梢が開花後1カ月たっても伸びるのは、果実生産にとってマイナスなので、成木、若木を問わず摘心する。

　そのときの摘心は、新梢の先端から展葉4枚より元の位置で行なうのがよい。それより先の葉は、葉の生長のためそれより元の葉から養分をもらうからである。それでも止まらないときは止まるまで摘心をくり返す（図74）。

短梢せん定での摘心

　短梢せん定は、樹勢を強く保つので、花振るいしやすい。そんなときには、強い結果枝は7～8葉程度で摘心する。

　花穂がつかない新梢は、対向する主枝に届くよう摘心より基部の部分の伸びを考えて摘心すればよい。1m以内で自然に生長を停止するような弱い新梢は、摘穂して放任する。なによりもLAIを確保することを念頭に、葉を多く残すような新梢管理を行なわなければならない。

霜害予防は生育ステージに合わせて

●1時間に1℃下がったら要注意

　ブドウはカキにくらべれば晩霜害に強いが、ところによっては被害を受ける。ブドウの低温抵抗力は生育ステージがすすむにつれて弱くなる。萌芽前であれば、マイナス3～5℃が1時間程度つづいても耐えられるが、展葉期にはマイナス1～3℃が1時間つづくと被害を受ける。

　霜は、晴天無風の日で午後6時の気温が8℃以下、1時間に1℃の割合で下がるときには降りやすい（図75）。したがって、天気予報に気をつけて、晴天の日に霜注意報が出されたら、外に出した温度計の気温を1時間ごとに確認し、気温の下がる傾向を読み取って予防するかどうかを決める。

　霜害の危険が高ければ、防霜ファンを回す。防霜ファンを設置していない園では、応急的に、気温が0℃になったころに灯油ストーブに点火する。

　露地だけでなく無加温ハウスでも、放射冷却によってハウス内温度が外より下がることがあるので、遅霜のおそれがあるときには10a当た

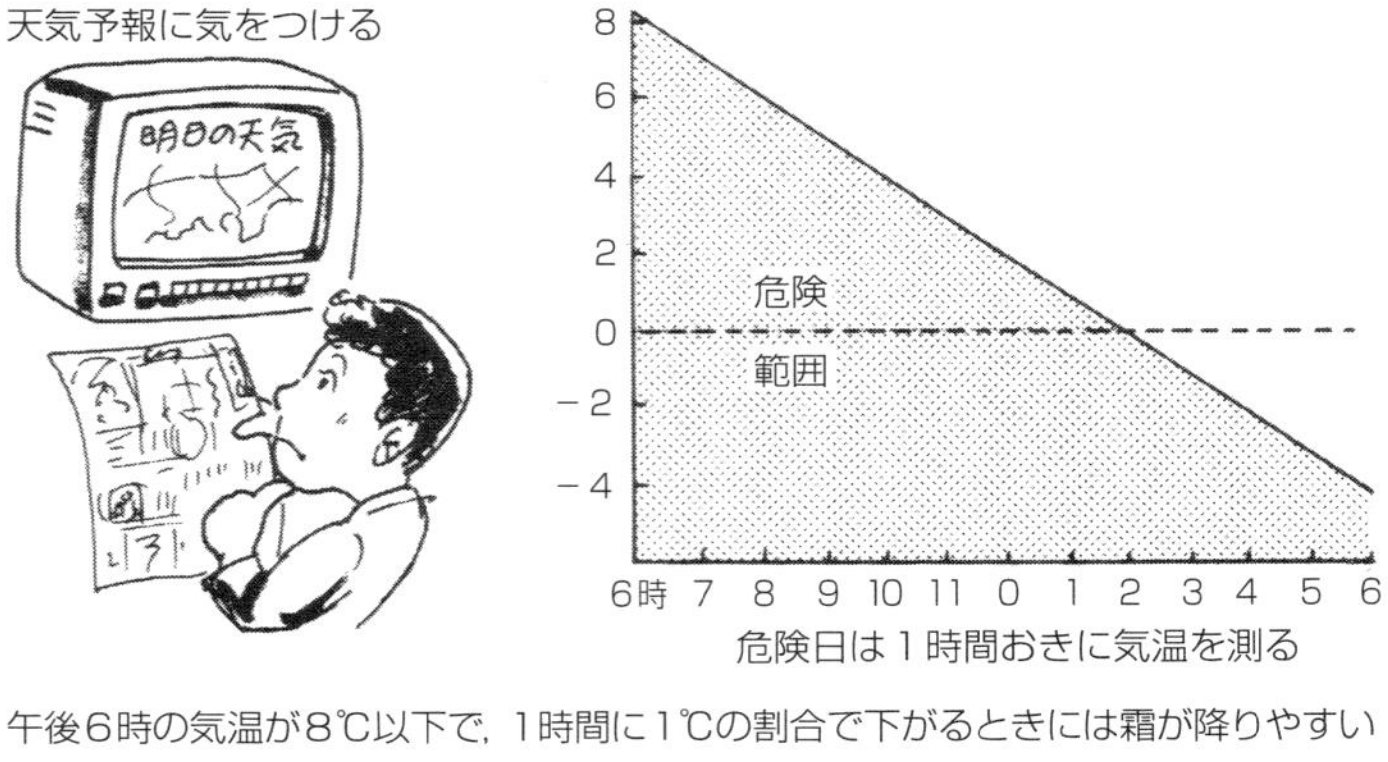

天気予報に気をつける
明日の天気
8
6
4
2
0
−2
−4
危険
範囲
6時 7 8 9 10 11 0 1 2 3 4 5 6
危険日は1時間おきに気温を測る
午後6時の気温が8℃以下で，1時間に1℃の割合で下がるときには霜が降りやすい

図 75　時刻によってかわる霜害危険気温

り数台の灯油ストーブを燃やすとよい。

●霜害を受けたときには強いせん定を

うっかりして霜害を受けてしまったときにはどうすればよいだろうか。たとえば、数枚展葉した新梢の途中まで被害を受けるようなひどいときには、新梢の出ている結果母枝を思い切って強せん定する。そして、残った新梢の残骸を元からかき取る。そうすると副芽が出るので、生育は遅れるが条件がよければいくらか結実するし、翌年の結果母枝の確保は大丈夫である。

被害が比較的軽い場合は、花穂が健全ならそのまま残す。しかし花穂が被害を受けているようであれば、思いきって新梢をかき取り、結果母枝のせん定をやや強くする。

ブドウの接ぎ木は緑枝接ぎか英式鞍接ぎ

●緑枝接ぎが品種更新の近道

近ごろは新しい優秀な品種が毎年のように登録される。品種の寿命が短くなり、品種の更新が早い。品種を更新するには新しい品種に植えかえればよいが、いまある樹に接ぎ木すれば早く収穫できる。

また、よい品種かどうかはつくってみないとわからないが、樹幹が大きく広がるので、1本ずつ新品種を植えていたのでは大面積が必要になる。しかし、1本の樹に数品種を接ぎ木すると、新品種の比較が小さい面積で、早くできる。

●緑枝接ぎなら簡単に接げる

てっとりばやくて確実なのは、生長しつつある新梢に接ぐ緑枝接ぎである。接ぎ穂は展葉7枚から開花期ごろの新梢で、副梢の第1葉が開いた直後で、腋芽がしっかりしている節を用い、葉柄をつけて1節切り取って使う。

接ぎたい新梢の基部を節間で切り、中心部を切り下げて、クサビ形にそいだ接ぎ穂をさし込んで接ぐ。そして、接ぎ穂が乾燥しないよう「メデール」のような、よく伸びる接ぎ木テープで接いだところから穂木全体を、葉柄を包まないように覆う（図76）。こうすることで安定して活着する。

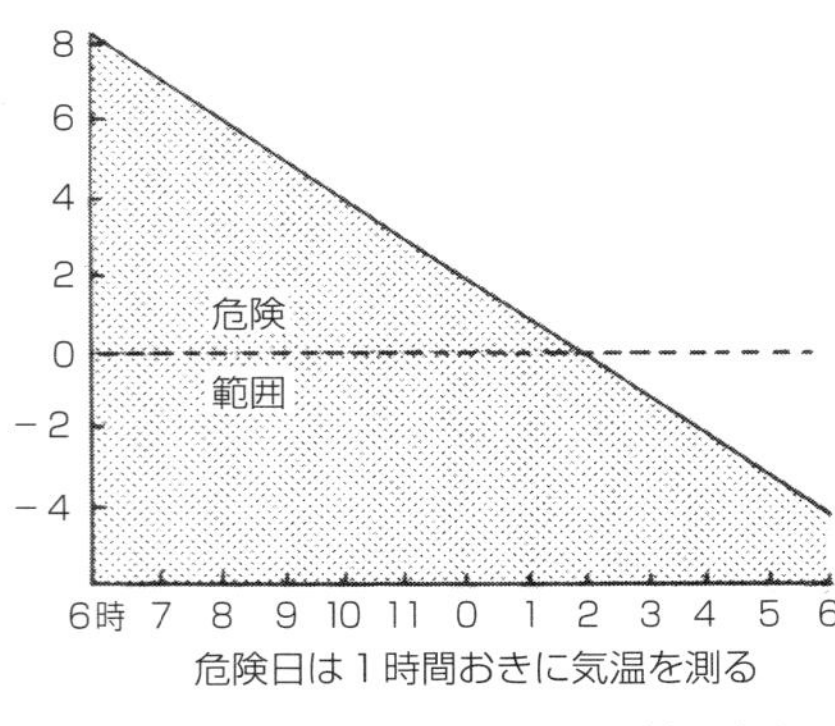

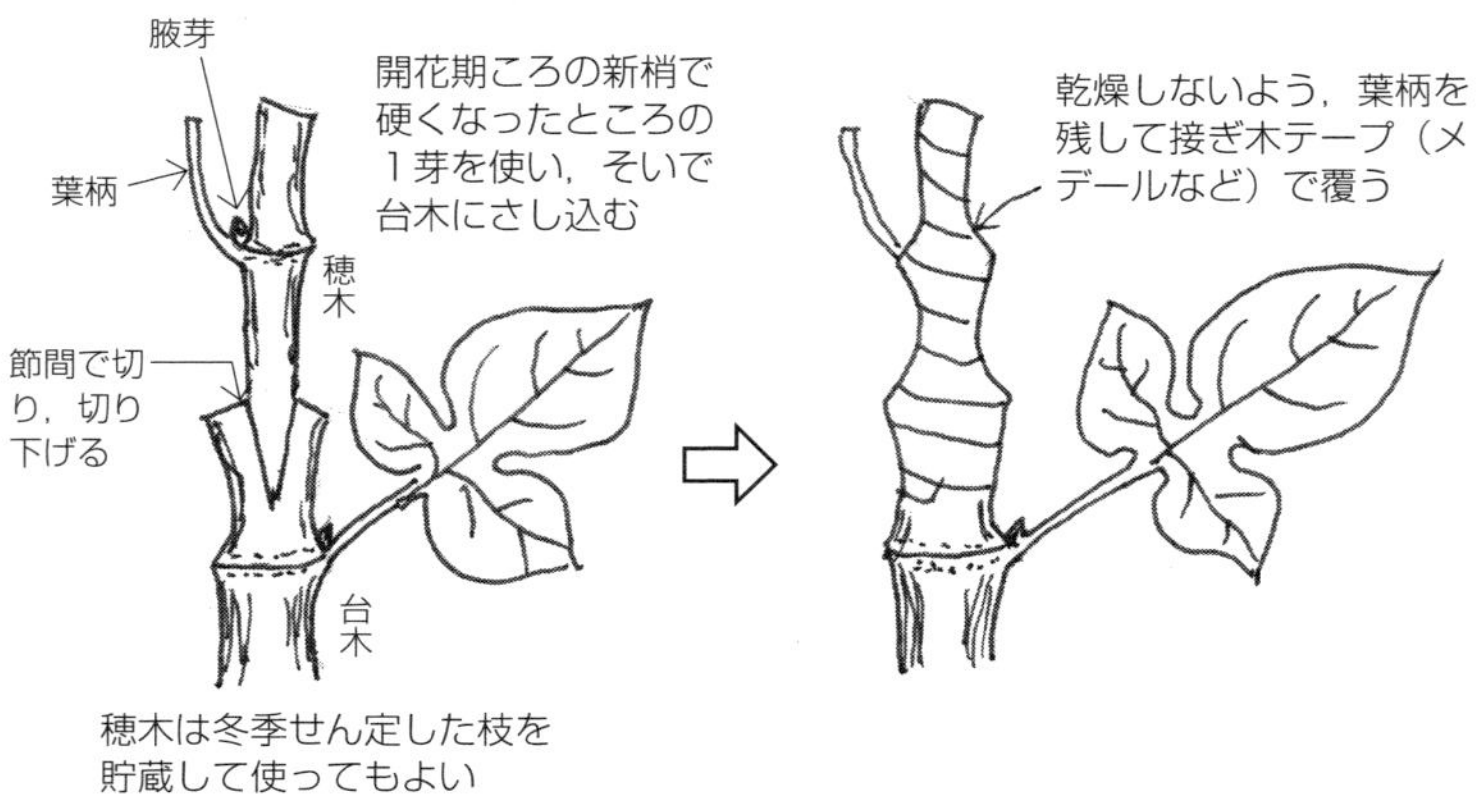

腋芽
葉柄
開花期ころの新梢で硬くなったところの1芽を使い，そいで台木にさし込む
穂木
節間で切り，切り下げる
台木
乾燥しないよう，葉柄を残して接ぎ木テープ（メデールなど）で覆う
穂木は冬季せん定した枝を貯蔵して使ってもよい

図 76　緑枝接ぎのやり方

もし、冬季せん定で穂木がとれるようだったら、乾燥しないようビニルなどで包み冷蔵庫で保存して使ってもよい。活着は、台木になる新梢が強いほどよいので、緑枝接ぎする樹は強くせん定しておくようにする。

台木だけを貯蔵して、2月下旬～3月上旬ごろ台木を直接畑に挿すか、大きめなポリエチレン鉢に挿して苗をつくることもできる。台木の新梢が葉10枚程度まで伸びて、太さが接ぎ穂と同じくらいになったころ緑枝接ぎをする。

●英式鞍接ぎ苗のつくり方

ブドウの苗木はけっこう高いので、できれば自分でつくりたいものだ。そこで、比較的簡単にできる方法を紹介しよう。

それは、普通の苗木屋さんが行なっているのと同じ英式鞍接ぎ（えいしきくらつぎ）である。落葉した12月ごろに必要な台木と穂木を採取する。それを1日ほど水に浸けて十分に水を吸わせてから、乾燥しないようビニルの袋にいれて冷蔵庫で貯蔵し、3月中旬ごろ取り出して接ぎ木する。

台木は2節で切り、芽は取り除く。そして下はほぼ水平に切り、上は斜め50度くらいに小刀で切ってクサビ形に切れ目をいれる。穂木は1節で切り、下の接ぎ面は台木と同じく斜めに切ってクサビ形に切れ目をいれる。

台木のクサビに穂木のクサビをさし込んで接ぐ。しっかり接げたら、接ぎ木テープ（メデールなど）で穂木の上から台木のなかほどまで巻いて、接ぎ木部や枝が乾燥しないようにする（図77）。

そして、バットのような容器にいれて十分水を吸わせた7.5㎝角のロックウールに、底まで出ない程度の深さに台木をさし込む。そのまま野外に置くか、早く育てたいのなら保温できるハウスのなかにいれる（図78）。

乾燥しないよう、バットの底が濡れるくらいの水を切らさないようにして育て、葉が数枚と根が十分出ていることを確認して、ロックウールをつけたまま苗畑に植え付ける。植え穴が準備できるのであれば、直接畑に植え付けてもよい。もし1年後に畑に植え付けるようだったら、5ℓか10ℓの鉢で育ててもよい。根を切らずに植え付けるので、植え付けた年の生長は早い（図79）。なお注意したいのは、登録期間が有効な新品種を、穂木だろうと苗だろうと他人にわたすと法律違反になるのでやってはいけない。

接木刃でクサビをいれる
台木の芽は切り取る
穂木
台木
台木に穂木をさし込み、接ぎ木テープ（メデールなど）で乾燥しないようロックウールに挿すところ（中ほど）まで巻く

図 77　英式鞍接ぎのやり方

図 79　鞍接ぎ苗を鉢で育てる

図 78　接ぎ苗はロックウールに挿し，ハウス内で発芽・発根させる

開花結実期の作業

開花期前後は、貯蔵養分による生長から、新葉による光合成生産による生長へ転換する養分転換期である。そして葉を増やしつつ生長を早める。そのあいだに開花結実し果実肥大期にすすむ。

新梢の強さの判断

●伸びる新梢と停止する新梢のちがい

新梢がどのような生長するのかは、展葉7枚から開花期ころまでの新梢の形態を観察するとよい。これからもまだ伸びる新梢は、茎の先端部が太く節間は長い。反対に早く生長を停止する新梢は、先端の生長は鈍り、節間はつまり葉は小さくなっている。

図80　種あり果になりやすい巨峰の新梢（結果枝）

●種ありに適した新梢（結果枝）

巨峰やピオーネの種あり果に適するのは、図80のように最先端の花穂の節から先が急に細くなっている新梢（結果枝）である。このように、新梢の状態をよく観察することによって、その後の生育をある程度予想することができる。

●開花期前後の新梢の強さの判断

そして開花が近づくにつれて、新梢の先端部の状態から樹勢の強さが、よりはっきり判断できるようになる。強勢な枝はヘビがカマ首をもたげたように、先端部が内側に巻き込んでいる。勢いが弱くなるにつれて先端はまっすぐに近くなる。

開花期をすぎても同じように判断できるが、先端部がまっすぐで、しかも節間がつまり、葉も小さいようだと、生長はまもなく停止する（写真ページ参照）。

花穂の間引き・切り込み

ジベレリン（GA）処理による種なし化技術ができてから半世紀がすぎた。このあいだに、フルメット液剤が開発され、これまで果梗が硬くなるため種なしにできなかった大粒系四倍体品種などが、満開期処理によって種なしにできるようになった。

これにより、種なし栽培は第1回処理を開花前に行なうものと、満開期に行なうものに分かれた。しかし、花穂の間引きは種あり果と、GA処理果で少しちがうだけである（図81）。

●種あり栽培での摘房と花穂の切り込み

キャンベル・アーリーは房つくりの必要はほとんどないので、副穂を取り除くだけでよい。しかし、ネオ・マスカットや赤嶺などは、販売の目的に合わせて房の大きさや形を決めるので、花穂の切り込み後に穂づくりが必要である。

花振るいしやすい巨峰などを種ありでつくるときは、摘房を行なわず、残す房の1.2倍程度の

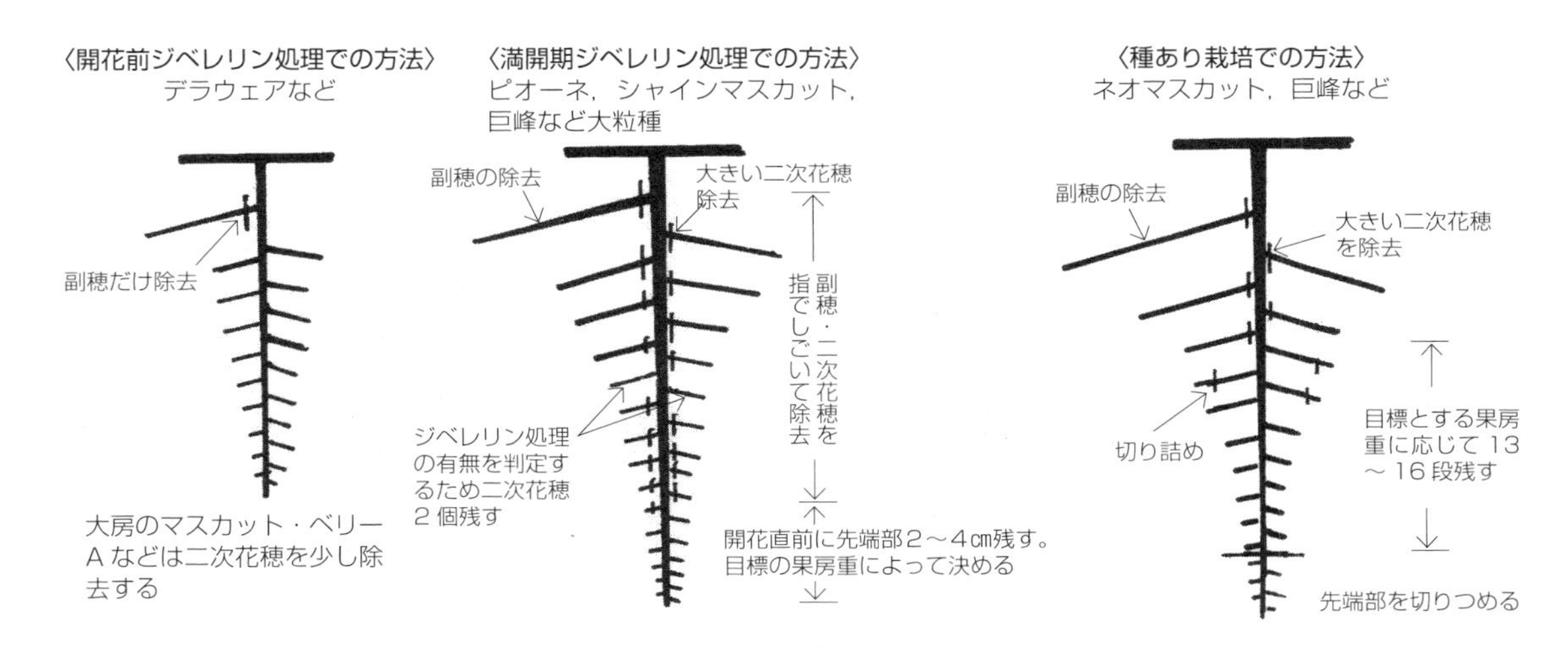

図81　花穂の切り込み方の3タイプ

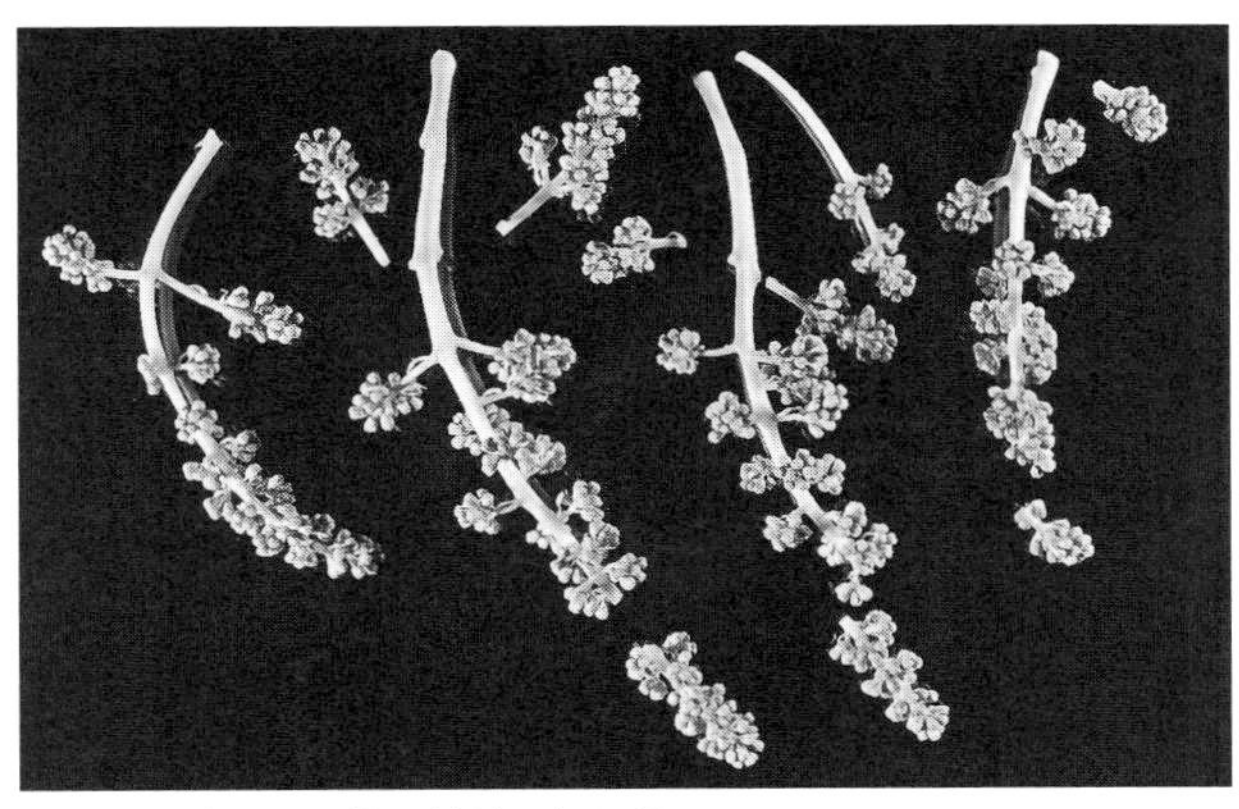

図82　種あり巨峰の花穂の切り込み
大きな花穂では，まず副穂を除去し上部の第二次花穂も落として，第二次花穂の数が13〜16段になるよう切り込む。小さい花穂は切り込まなくてもよい

花穂の切り込みを行なう。切り込みを行なう花穂は、落ち着いた結果枝から一つだけ選ぶ。なお、結実促進のために、後述するフラスター液剤を使用する。

摘房は結実の有無がわかる開花後2週間ごろまで見合わせ、よく結実した房を必要数残して一挙にするとよい。

花穂の切り込みは、花穂の中間どころの二次花穂を、目標とする果房の大きさに応じて残す。通常13〜16段残し、その他の二次花穂を除去する。もちろん副穂も除去する（図82）。小さめの花穂は先端部だけ残すと摘粒しやすい。

●ジベレリン処理ブドウは早期摘穂が必須

ブドウの新梢はほとんどが結果枝で、複数の花穂がついているのが普通だ。長梢であれ短梢であれ、新梢を多く残すと不要な花穂の数が多くなる。貯蔵養分で生育する時期だから、花穂が奪う物質の量はばかにならない。

放任しておくと、果粒肥大第Ⅰ期の肥大が著しく劣る。そこで、できるだけ早く目標着果数になるよう、花穂を減らす必要がある。しかし、GA処理した花穂が全てよく結実するとはかぎらない。

したがって、結実のよくない房ができた場合を考えて、目標着果数より少し多く残しておこう。フルメットが使用できるようになって、花振るいする危険は格段に減り、むしろ着粒しすぎて摘粒に手間取るほどだ。

樹勢が強すぎる場合も摘心を加えることにより、着果が安定する。したがって、GA処理前に残す花穂は、目標着果数の1.2倍程度にする。それ以外の花穂はできるだけ早く除去する。そうすることによって、残った花穂はよく生長し、種なしになりやすく初期果粒肥大がよくなる（写真ページ参照）。

しかし、シャインマスカットは、先端が二叉に分かれる花穂ができやすいので、そのような

10 a当たりの新梢数や果房数の求め方

露地栽培ではポリエチレンの太いひもで，10㎡の枠をつくって数える（図 83）。まず、一辺の長さ 316㎝，対角線 447㎝の正方形の枠をつくる。そして，四隅に針金（8番線）でつくったカギをつけておく。

測定しようとする場所で，対角線にひもがはいった2点がピンと張るよう，カギを棚に引っかける。残りの2点のカギも各々2辺がピンと張るよう，棚に引っかける。そのなかの数を 100 倍すれば 10 a当たりに換算できる。

ハウスでは，柱で囲まれた枠内で発生している新梢や果房を数えるのがよい。柱と柱の間隔を測って面積を計算し，10 a当たりに換算する。たとえば，4m間口のアーチ型ハウスで，主柱の間隔も4mだとすると，枠面積は4×4で 16㎡である。したがって，枠内の新梢数や果房数に 62.5 を掛けると 10 a当たりに換算できる。

ポリエチレンの太いひもで 10㎡の枠をつくって枠内の数を数える
316㎝
316㎝
447㎝
針金（8番線）
ポリエチレンの太いひも

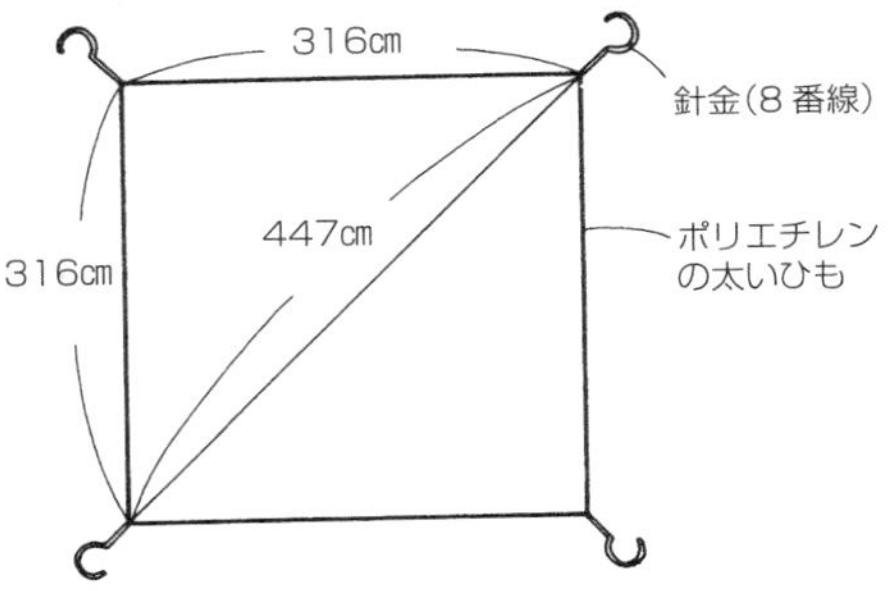

図 83　10㎡の枠をつくって数える

花穂が多い場合は目標の花穂数をやや多く残し、花穂切り込み時に判断して切り込みをする。

ジベレリン処理時期の判断

●処理適期は結果枝と花穂の状態で判断

ジベレリン（GA）処理によって、はじめて種なし化されたのはデラウェアであった。

デラウェアやマスカット・ベリーAなど種子のある二倍体品種は、種なしにするために開花前に1回目のGA処理を行ない、開花10日後に果粒肥大のために2回目の処理を行なう（図84）。

問題は1回目の処理の判断で、ジベレリンの使用法には「開花予定14日前」などとなっている。しかし、いかに科学が発達したとはいえ、開花日を事前に知ることは不可能である。だから、開花予定14日前という規定は意味がないというほかはない。どうすればよいかといえば、ブドウの生育状態で判断するのである。

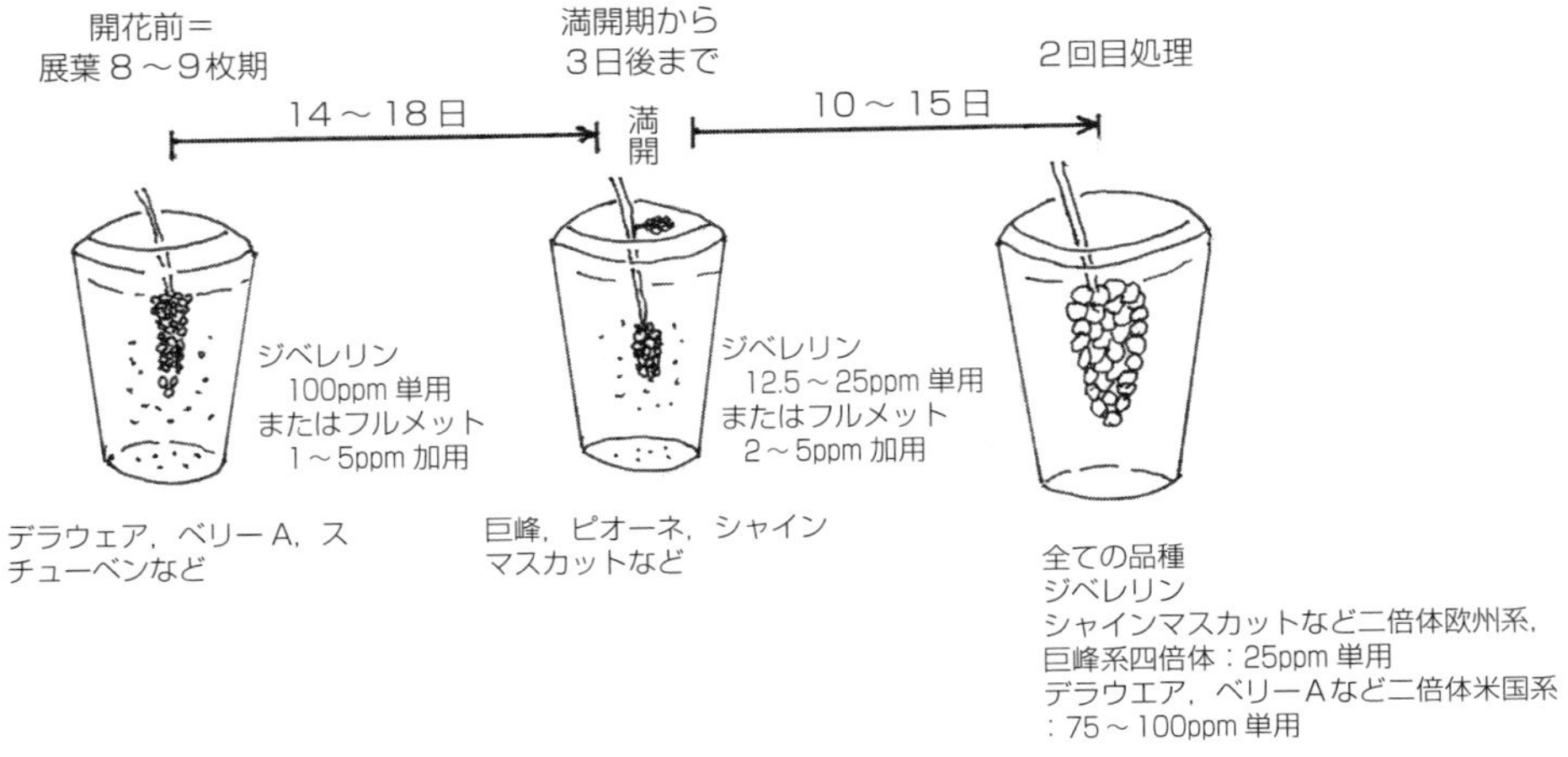

開花前＝
展葉8～9枚期
14～18日
満開期から
3日後まで
満開
10～15日
2回目処理
ジベレリン
100ppm 単用
またはフルメット
1～5ppm 加用
デラウェア，ベリーA，スチューベンなど
ジベレリン
12.5～25ppm 単用
またはフルメット
2～5ppm 加用
巨峰，ピオーネ，シャインマスカットなど
全ての品種
ジベレリン
シャインマスカットなど二倍体欧州系，巨峰系四倍体：25ppm 単用
デラウエア，ベリーAなど二倍体米国系：75～100ppm 単用

図 84　ジベレリン処理の時期と方法

●デラウェアはゆる房が食べやすく美味しい

従来のデラウェアは過密着房が主流であったが、今はややゆるく粒をとりやすい房が好まれ

ている。しかも、栽培者にとってはGA処理、摘粒の省力化につながり、なにより裂果対策になっている（図85）。果房を逆さまにしたとき、房先が少し曲がるくらいがよい。

ジベレリンにフルメット液剤を加用して処理すると、結実がよくなるため密着になりやすい。

図85　ゆる房づくりのデラウェア
左はゆるめの限界で，果粒のあいだにわずかなすき間がある程度。右は硬めの限界で，果軸がみえる程度（写真：安田）

図86
デラウェアゆる花房づくりのジベレリン処理適期の花穂
（展葉8枚期）（写真：安田）

そこで、果軸を伸ばしてゆる房にするため早く処理するのである。

第1回処理は展葉8枚期に行ない、結実を確実にするため7～8葉で摘心する（図86）。

こうすると、目標の着粒密度である、軸の長さ1cm当たり9粒くらいになる。ただし、樹勢や作型によって同じ時期に処理しても、粒のつまりぐあいがちがうので、よく検討して自園の最適期をみつけることが必要である。

●米国系二倍体品種はデラウェアに準じる

マスカット・ベリーAやスチューベンなど米国系二倍体品種も、開花前処理するが、考え方はデラウェアと同じである。GA処理が早いほどゆる房となり、遅くなるほど密着房になる。

しかし、結果枝の生育状態を、展葉枚数や花穂の生長などからよく検討し、自分の園に適した処理期を決めたい。

●満開期ジベレリン処理型は品種や樹勢で判断

花穂の切り込みは開花前処理の場合と同じく、できるだけ早く行なうのがよい。そうすることにより、果粒の初期肥大は確実によくなる。

品種や樹勢によっては、結実しやすい場合と花振るいしやすい場合がある。結実が確実視されるようなら、残す花穂の数は最終摘房で残す予定の2割程度多くすればよい。花振るいが心配される場合には、その程度に応じて5割程度まで多く残すのがよい。

四倍体の大粒系種なし果房は、脱粒しやすいものが多いため、締まった果房をつくる必要がある。目標とする1果房重にするためには、残す花穂の長さが重要になる。1果房600gを目標にすれば、残す花穂は開花前ごろ花穂先端部2～4cm程度残す（写真ページ参照）。

正確を期すれば、果粒のつまりぐあいは、同じ長さの花穂でも、果粒が大きいほど密着房になる。したがって、品種や同じ品種でも自園の粒の大きさを考えて加減する必要がある。

また、残した花穂の上部3～4cm程度のところに二つの二次花穂を残しておくと、GA処理の目印になる。二次花穂は指でしごいて落とす

図87　二次花穂のしごき方
花穂の先端を左手で持ち，右手で二次花穂を下にしごいてとる

と仕事が早い（図87）。

花穂の切り込み時期は、花蕾が1～2輪咲きはじめたころを目安に始める。早いと残す長さを3㎝に合わせても、その後果軸も伸びるので結果的には長くなってしまうことや、開花時期も遅れる傾向がある。

●完全な種なし化にはストレプトマイシン処理を

開花前処理だろうが満開期処理だろうが、第1回処理が遅れると種がはいることがある。とくに、開花期以降に第1回処理をする大粒系のブドウでは、処理が満開期から遅れるほど果軸の伸長が少なく、締まった果房ができ、種がはいりやすい。全ての花蕾が咲ききった、満開の状態から3日以内が処理適期である（写真ページ参照）。

確実に種をなくすためには、開花前にストレプトマイシン処理をするとよい。満開7～14日前に実施するが、病害虫防除時に混用して実施すると能率的である。

●植調剤や農薬は説明書をよく読んで使う

農薬や除草剤、ジベレリンやフルメット液剤などの植物成長調節剤などは、登録が無効になったり濃度や時期が変更されたりする。したがって、農業普及センターなどで聞くか、最新の薬剤についている説明書をよく読んで、正しく対処しなければならない。

食料の安全性が重要視される今日においては、消費者に安心してもらうためにも、登録された事項については必ず守る。

ジベレリン処理は「らくらくカップ」で

これまでのGA処理は、1回目は小さいプラスチック容器で花穂を浸漬し、2回目は結実した果粒が小豆か大豆くらいになってからなので大きいコップで浸漬していた。

ところが、小さいコップで200cc、大きいコップなら500ccはいるから、それを持ちながら浸漬するとけっこう腕が疲れる。さらに、1回目は花穂にジベレリンをよく浸透させるために、花穂を振る必要があり、その手間がけっこうかかった。

ところが現在では、少々値は張るが、らくらくカップという器具が開発された（図88）。コップは2回目用と同じくらいの大きさで、上のほうから花穂や果房へ処理液が勢いよく噴霧され、蕾や果粒だけでなく果軸にまでよくかかる。しずくや花穂にかからなかった液は、大きな容器内にもどるようになっているので、ジベレリンの使用量も節約できる。

コップに液がはいっていないから、軽くて腕の疲れは少ないうえに速いので、処理時間をかなり短縮でき、一石二鳥の効果がある。営利栽培者にとっては必須の器具といえよう。

図88　ジベレリン処理用の「らくらくカップ」
カップの上から液が噴霧されて花穂や果房にかかる。しずくなど残液はタンクに回収されるので，経済的でもある（写真：安田）

「ゴマシオ」はこうして防ぐ

開花前GA処理した果房に、色がない果粒が混じる、俗称「ゴマシオ」と呼ばれる着色障害が発生することがある（図89）。

色がつかない果粒は味がないので、軽症であっても収穫後の調整に多くの手間がかかる。重症だと全く商品にならず、発生したことがわかってからでは、手の打ちようがない。

ゴマシオの原因は果梗のマンガン欠乏である。土壌中にマンガンがあってもpH6.5以上になると吸収が阻害されるため出やすくなる。したがって、pHが6.5以下の酸性になるまでは石灰肥料を控える。

ゴマシオ型着色障害は果房にマンガンを処理すれば根絶できるので、開花前のＧＡ処理時に、ジベレリン１ℓに市販の液体マンガン7.5cc加えて処理する。

マンガン液をつくって冷蔵庫に貯蔵しておき、ＧＡ処理時に必要量をジベレリンに溶かして使うと便利である。

図89　正常果房（左）とゴマシオ果房（右）

種あり巨峰の結実安定には フラスター液剤を

巨峰は花振るいしやすく、種あり栽培がむずかしい品種である。基本的にはせん定を弱くして芽数を増やし、樹勢を落ち着かせて新梢の生長が１ｍ以下で止まるようにすることである。しかし、それだけでは不安があるので、着粒増加に効果のある植物調節剤を使うのがよい。

それが、フラスター液剤で、新梢の展葉７～11枚期に枝葉全体に散布する。結実がよくなるのは、枝葉と花穂の生長が抑制されるためなので、花振るいしにくいような花穂へ処理することがコツである。

巨峰の花粉発芽には30℃くらいの温度が必要で、ハウスで栽培すると結実がよくなる。しかし、万が一花振るいでもすれば、ばくだいなハウス建設費をかけているので、大きな損害を受けることになる。

花振るいの心配が少ない場合でも、保険の意味で処理しておくのがよい。

デラウェアは８００～１０００倍液、シャインマスカットなど欧州系二倍体品種は１０００～２０００倍液、四倍体、アメリカ系二倍体、三倍体品種は５００～８００倍液とする。

時期は展葉７～11枚期で、開花前に終える。散布量は10ａ当たり１００～１５０ℓとする。

実肥の的確な施し方

●カリより窒素を重点に施す

ブドウの果実１００kgのなかには、カリが１２０～１４０ｇ含まれており、肥料養分では最も多い。そのため、一般には実肥にカリを重視する。しかし、１５００kgの果実に含まれるカリは1.8～2.1kgにすぎない。

カリは、イナわらや樹皮堆肥など有機物に多く含まれている。そのため、毎年のように有機物を施しているブドウ園に多くのカリを施すと、カリ過剰になり苦土欠乏をおこしかねない。そのような園ではカリを控えめに施す。

カリより果粒の生長にとって大切なのは、窒素と水である。開花後20日ごろの果粒には、水が92～94％も含まれている。したがって、この時期に水が不足すると果粒の肥大が劣るだけでなく、アン入りが発生するおそれがある。とくにハウス栽培では、乾燥しすぎないよう灌水に注意しなければならない。

また、この時期は新梢や新根の生長も旺盛なうえ、枝や根の肥大も行なわれるので、多くの窒素が必要である。果粒が必要とする窒素の量はカリについで多いので、この時期に窒素が効いていないと果粒の肥大が悪くなる。したがって、有機物が十分施されている園では、実肥は窒素を重点に施さなければならない。

窒素の量は、新梢の伸びがよければ10ａ当たり2kg程度、伸びが弱ければ3.4kgくらいがよいだろう。

●結実後なるべく早く施す

結実すると果粒は急激に太りだすので、結実が確実になったらできるだけ早く施すのがよい。

開花後10日もすれば、結実しているかどうかがはっきりする。そのころに結実と生育の状態を観察する。

結実がよくて、開花後1カ月以内に新梢のほとんどが生長を停止しそうな園では、開花後2週間ごろに、窒素を成分で10ａ当たり2～4kg、カリを4～6kgくらい施す。

もしも、生育が旺盛で、開花1カ月後になっても新梢の生長が止まりそうもないようなら、結実がよくても窒素はやめてカリだけにする。窒素は、新梢の伸びがよければ少なく、弱ければ多く施すのである。

肥料を速く　ムダなく効かせるコツ

●灌水と組み合わせて施す

肥料はやりさえすれば効くと思っている人が案外多いのではないだろうか。ところが、肥料がブドウに吸収されるためには、少なくとも根のあるところまで浸透しなければならない。肥料は水に溶けないかぎり浸透できないので、土に十分な水分がないと効かないことになる。

平坦な砂地の園では、肥料をまいた後すぐに灌水してもスムーズに浸透する。ところが、粘質の土壌で傾斜がある場合には、せっかく施した肥料が流れてしまう。

そのような場合には、あらかじめ数ミリの灌水をして地面を十分に湿らしておく。その後肥料をまけは、しばらくすると肥料が湿った土になじむ。そのころをみはからって十分に灌水すると、土中にスムーズに浸透させることができる。

最もてっとりばやいのは、自動点滴灌水装置を設置することである。肥料を灌漑水に溶かして、灌水と同時に自動的に施肥するのである。自動的に時間調節ができるので、たいへん効率よく施肥と灌水ができる。ハウス栽培ならぜひ取り入れたい。

●雨を待って施す

灌水設備がない露地園で追肥を行なうとき、土が乾燥しているようであれば、雨を待って行なうとよい。すなわち、雨が止んで雨水が地表面を流れなくなるころをみはからって、肥料をまくのが最もよい。

そうはいっても、雨は希望するときに降ってくれるとはかぎらない。したがって、灌水設備がない園では、元肥を重点にした肥料設計を立てるのが無難である。そのときには、遅効性の肥料を多めにするのがよい。

果実肥大成熟期の作業

ブドウの品質と収量が決まる最も重要な時期である。品質と収量はなにによって決まるのか、考え方をしっかりと理解し、適切な管理を行ないたいものである（図90）。

混同しがちな目標収量と適正収量

●目標収量は希望収量でしかない

目標収量は生産組合や農業団体などが、前年の生産目標と実際の生産量のちがいなどを検討して、翌年の生産目標として示すことが多い。その値は平均値であり、各園の目標収量とはちがう。それも参考にしながら各自の園での目標収量を立てるが、これは実際の園の状態を判断材料にして、実現可能な目標として立てられる。

しかし、いずれの場合も希望であって、実現できるかどうかは終わってみなければわからない。それなのに、目標の数字がこれだからと、園の生産力以上に着果させて泣きをみる例も多い。原因は、適正収量の判断基準が理解されていないからである。

シャインマスカット	デラウェア
	開花期
	10日
予備摘粒・軸長調整 粗摘房	摘房 摘粒
	20日
摘粒 本摘房 ↕	
	袋かけ 最終摘房
	40日
袋かけ	着果量見直し
	60日
	70日
	収穫（80日）
収穫（95日）	
	開花後日数

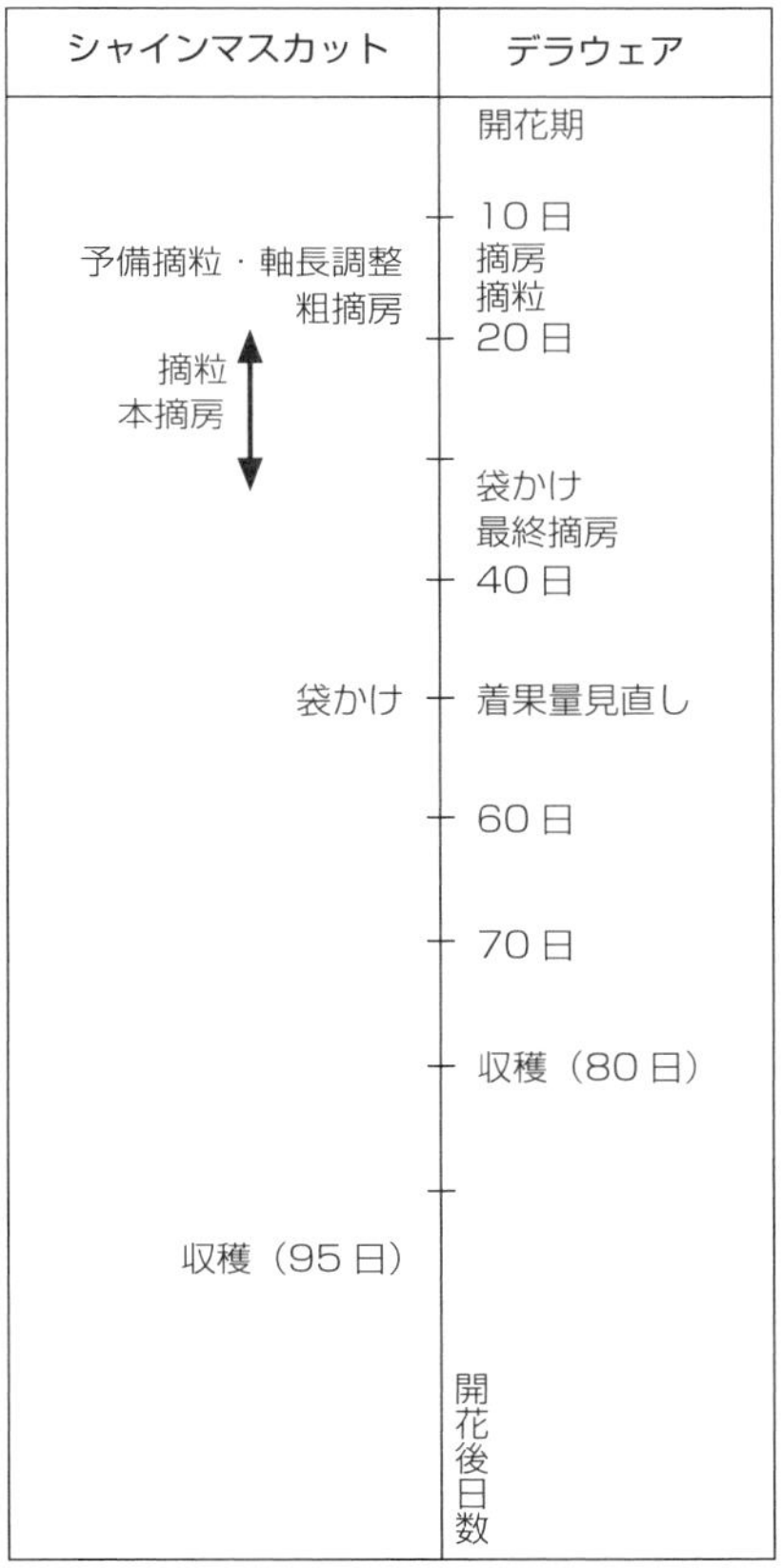

図90　果実肥大成熟期の果粒の管理（安田）

●物質生産量と果実分配率にみあった収量が適正収量

収量とは生の果実の重さのことであり、商品にならない青デラやピオーネの赤熟れの果粒も含まれている。しかし、栽培の目的からすれば、そのような果実の収量をいくら上げても意味がない。われわれが必要とするのは、大粒で糖度が高くて着色がよい出荷基準に合格する果房である。それ以上に、消費者が満足しなければならない。消費者が満足してくれる美味しい果実（果房）の重量が適正収量である。

それでは、適正収量とはどのようにして決めることができるのだろうか。葉の光合成生産力を中心にした物質生産量によって果実の収量や品質が左右されるので、葉の量や平均新梢長、すなわち物質生産量と果実分配率にみあった収量が適正収量である。

したがって、適正収量を高めるのは、葉の枚数を最適な枚数に増やし、均一に分布させるとともに、葉で生産された光合成産物を効率よく果実にまわすことによって実現できる。

以下、そのことについて説明する。

葉の枚数（LAI）が増えれば光合成生産量も増える

●葉面積指数＝LAIとはなにか

ブドウはつる性なので、なにかにすがりついて生長し、何枚かの葉を重ねながらまわりを覆っていく。この場合、一定の面積が葉によってどの程度覆われているのか示すのが葉面積指数で、その略称がLAI（エルエーアイと読む）である。つまり、単位土地面積当たりの葉の面積のことであり、単位土地面積内についている葉を、その土地面積にすき間なく何枚重ねて並べることができるのかを示した数値である。LAI1は1枚、3は3枚重ねて並べることができる枚数がついていることを示している。

わが国の落葉広葉樹林ではLAI3～6、水田のイネで4～7が最適といわれているが、樹冠や株間にはすき間もあるので、それらも含めて単位土地面積当たりの葉の密度をLAIと呼んでいるのである。

これまで、ブドウの最適LAIは4と述べてきたが、なぜ葉1枚並びではなく、4枚重ねがいいのだろか。これは、光の強さと光合成生産の仕組みを知らなければ理解できない。

●光合成の仕組みとLAI

ブドウは単独の葉だけでは、晴天日の太陽光を受け止めきれない。ブドウの葉は、朝日が当たりだすと、炭酸ガスと水を合成してブドウ糖を生産する光合成を始め、光が500lxくらいになると光合成生産と呼吸消費量がつりあう。この点を光補償点と呼ぶ。

そして光が強くなるにつれ光合成生産量は増え、呼吸消費量より多くなり、ブドウ糖が葉に蓄積される。葉のなかでは、ブドウ糖を一時的にデンプンにして蓄える。さらに、デンプンをしょ糖にかえて、他の器官へ転送する。こうしてブドウ糖を樹全体へ分配し、生長するための物質を肥料成分とで合成する。

なお、夜は光がないので葉は呼吸によってブドウ糖を消耗するだけである。したがって、昼に生産したブドウ糖から夜消費したブドウ糖を差し引いた量が、ブドウが利用できるブドウ糖（物質）ということになる。

ところが、ブドウの光合成速度（光合成能力）は、5万lxくらいで限界に達し横ばいになる。晴天日の光は10万lxくらいになるから、その半分しか利用できない（図91）。そのため、ブドウは葉を重ねて光を目一杯取り込もうとするのである。

●LAIが増えると光合成産物（物資生産量）も増える

それでは、葉の重ね具合、すなわちLAIと

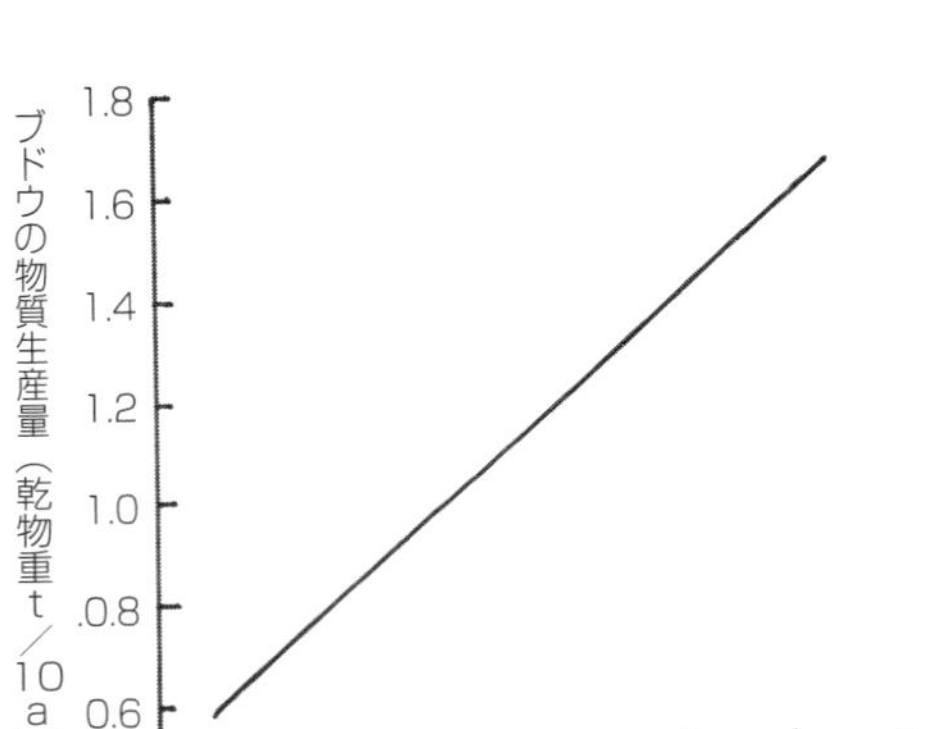

図92
ブドウの物質生産量は葉の量（LAI）に比例する

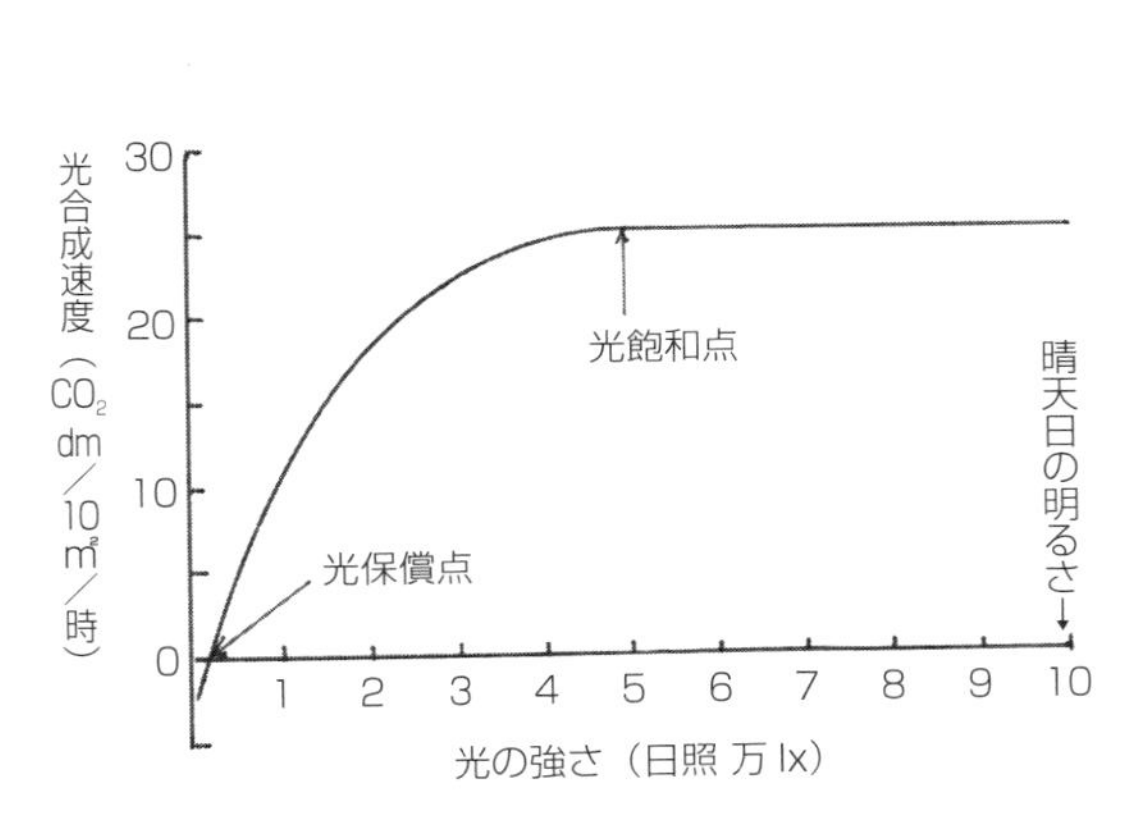

図91
ブドウ1枚の葉では晴天日の光の半分しか利用できない

光合成産物（物質生産量）とのあいだになにか関係があるのだろうか。

ブドウ園の葉の量（棚の明るさ）と、ブドウ園の物質生産量（樹全体の乾物重）を調べると、10a当たり（単位土地面積当たり）の物質生産量は、10aの土地にある葉の量（LAI）に比例することがわかった（図92）。

すなわち棚面に重なって並んでいる葉の面積が多いほど、物質生産が増えるのである。

●LAIが増えすぎるとマイナスに作用

しかし、LAIが増えるほどよいのかといえば、そうはならない。LAIが高くなりすぎて棚面が暗くなりすぎると、下の葉は光が不足して光合成生産と呼吸の収支がマイナスになってしまう。生産された光合成産物を消耗することになる。そのため、その葉はブドウ樹に不要とみなされて黄色くなって落とされる。

棚が暗くなりすぎて下葉が落葉するようだと、物質生産量は増えるが、本来果実にいくべきものが日陰の葉にいき、ムダに消耗されてしまう。

ブドウの最適LAIは3～4

●最適LAIは日射量でちがう

それでは、ブドウのLAIはどれくらいがよいのだろうか。果実生産に適したLAIは「3～4」であり、「最適LAI」と呼ばれている。3～4と幅があるのは、果粒肥大期から成熟期にかけての光の強さ（天候）によってちがうからである。

梅雨時や秋雨時のような長雨がつづくときに熟す品種や作型では、LAIは3～3.5程度がよいが、晴れの日が多い時期に熟す品種や作型では4が最適値である。

冬季の日射量の少ない日本海側で加温栽培すると、早い作型ほど光のエネルギーが少ないので、最適LAIは3程度になる。つまり、受け止める光のエネルギーが小さい場合は、葉の重なりが少ないほうが、日陰になる葉が少なくなり、消耗によるマイナスが少なくなるためである。

なお、この法則は長梢せん定、短梢せん定に関係なく適用される。

●LAI4、3tどりのシャインマスカット

雨よけ栽培でLAIが約4のシャインマスカット園を調査した。9月2日が収穫はじめで、1房重は1050g、1粒重16g以上、糖度は18～20％、10a当たりの房数は3030房で、反収は3t以上であった（図93）。

LAIが4になると、棚はかなり暗くなり下草はほとんど生えない。この園は短梢せん定の5年生樹だが、3年つづけて3t以上とっている。袋をかけなくても、10月になっても果実の緑は濃く、長期にわたって収穫が可能だった。

芽かきはほとんどせず、側枝から数本の新梢が出ていて、側枝の真上に伸びる新梢だけ、葉2～3枚で摘心するだけだった。開花期にはLAIが3を越えていた。

こうすると、弱い新梢は登熟せず、棚に誘引した強い新梢だけが登熟する。登熟しない新梢は、物質を茎ではなく果実へ送るため、収量が上がるのである（図94）。

図93　LAI 4，反収3t以上の雨よけシャインマスカットの収穫はじめの着房状態（2017年9月2日）

図94　LAI 4, 反収3t以上の雨よけシャインマスカットの棚面
（図93と同じ園，2017年8月29日）

図95　LAI 2以下の雨よけシャインマスカットの2018年9月8日の状態
反収1.8 tが目標。収穫期は9月下旬～10月の予想

●LAI2以下のシャインマスカット

図95は同じ雨よけ栽培のシャインマスカットで、9月8日の状態である。H型短梢せん定で目標反収は1800kgで、3000袋かかっているから、房重600gをめざしているということだった。

ところがこの時点で、糖度は16％くらい、粒重は15g以下で、熟期は9月下旬か10月になるかもしれないということである。

側枝から出ている新梢は1本か2本で、11本中7本に着果させてあり、いわゆる「稼ぎ枝」は4本にすぎない。全ての新梢は、隣の主枝の手前で強く夏季せん定してあった。これでは、物質生産の量は少なく1800kgのシャインマスカットを、9月上旬に成熟させる力はない（図96）。

新梢が強いほど登熟は早く、多くの物質がとられる。その分、果実へ送る物質は減ることになり、3000房を高品質な果実に成熟させるのがむずかしくなる。

以上みてきたが、LAIの重要性を理解していただいたと思う。

●直光着色品種はLAI2か3でとどめる

甲州や甲斐路などの直光着色品種は、光が果実に直接当たらないと色がつかない。したがって、LAIを高くすると色づきが悪くなるおそれがあるので、棚面は明るくしLAIは2か3以下でとどめるのがよいだろう。

ただし、果実の着色は光だけでなく温度に強く影響され、15℃くらいがよいとされている。LAI4と2の果房温度を、放射温度計で測ったら、1.5℃の差があった。すなわち、LAIを高めると、光の面ではマイナスだが、温度の面ではプラスになる。このことについては、検討する必要がある。

反収3015kgを上げている甲州の優良園を調査した。平均新梢長は59cm、10a当たりの新梢数は1万850本、LAI 1・62、果実糖度16・3%だった。このLAIで3tとれたのは、

図96　LAI 2以下の雨よけシャインマスカットの棚面
（図95と同じ園，2018年9月8日）

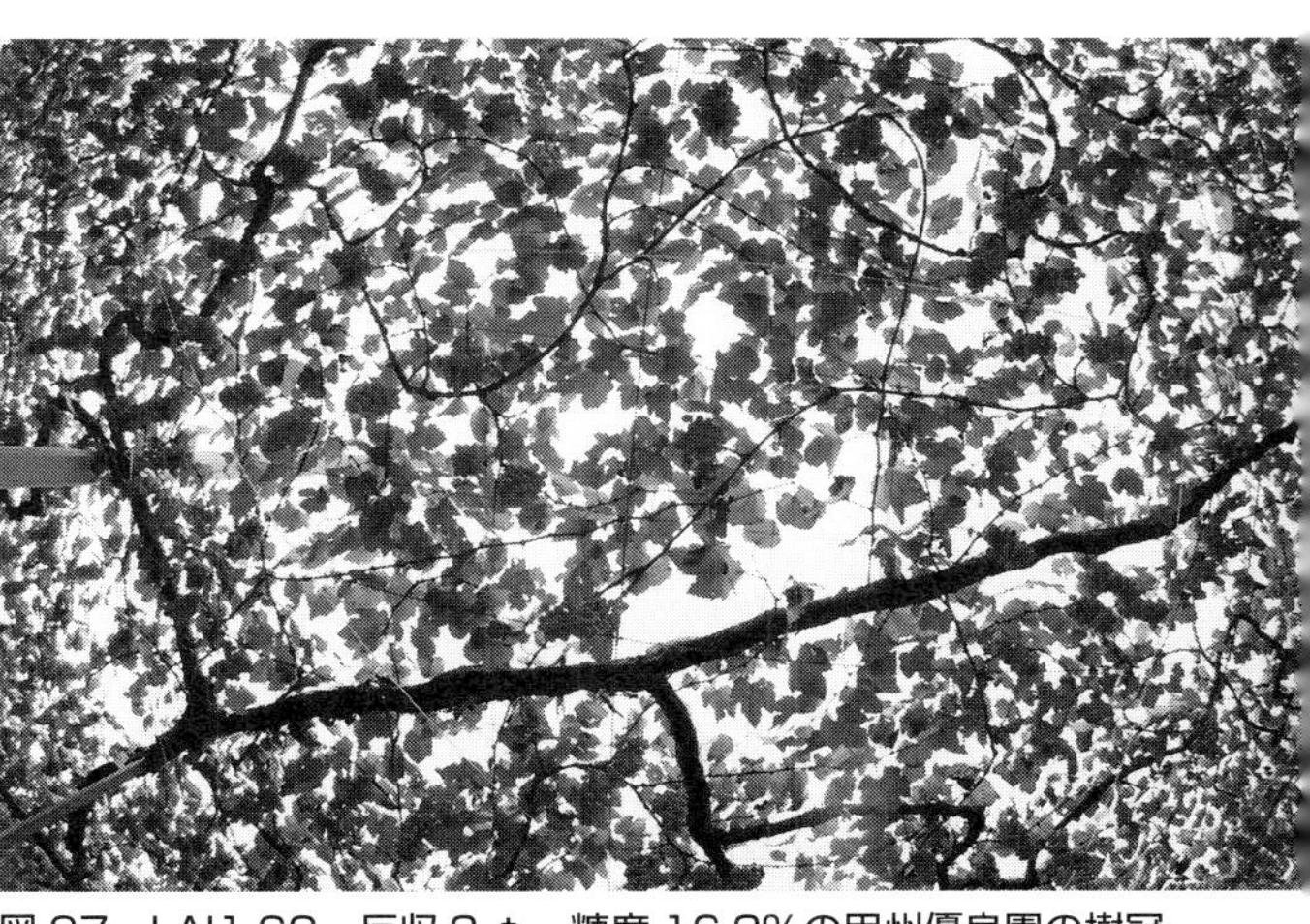
図97　LAI1.62，反収３ｔ，糖度16.3％の甲州優良園の樹冠
平均新梢長59㎝，10ａ当たり新梢数は1万850本

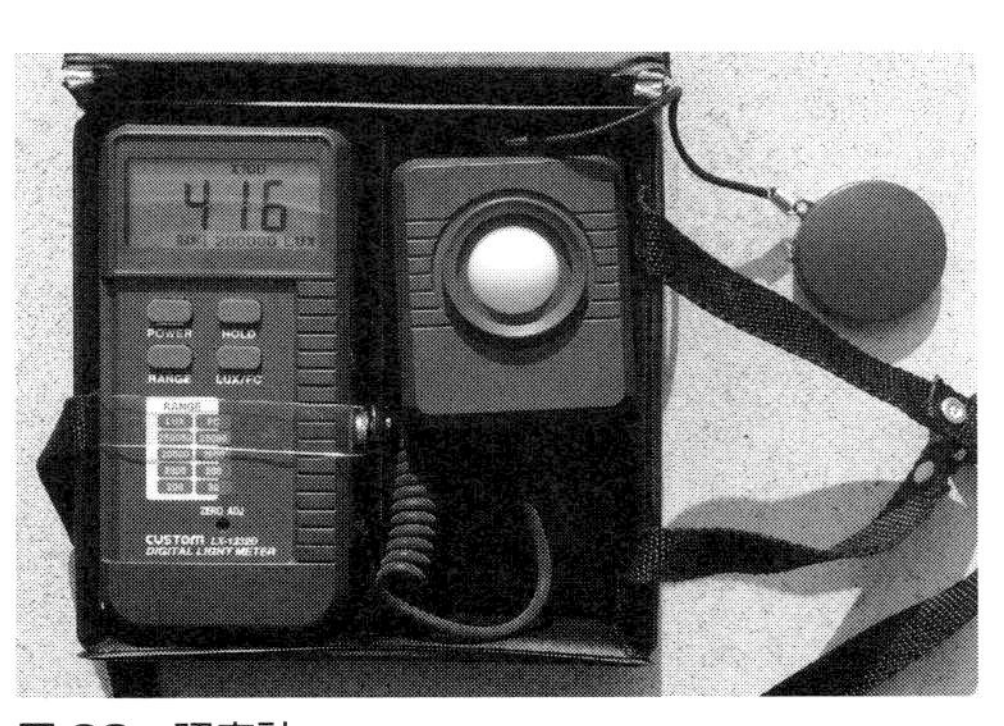

図98　照度計

平均新梢長が60㎝以下と短かったためである。このことについては後ほどくわしく述べる（図97）。

　これは生食用の場合であって、ワイン用につくるなら着色は関係ないので、ＬＡＩを最適値まで高めるべきで、そうすれば5ｔはとれるだろう。

LAIの判断（測定）はこうする

　ＬＡＩが重要だと理解できても、ブドウ園のＬＡＩがいくらか判断できないと管理ができない。どうすれば判断できるだろうか。

　ＬＡＩと棚面の明るさと地面の木漏れ日の陰の写真は、写真ページに載せたとおりである。だが、これだけで自園のＬＡＩを判断することはむずかしいだろう。

　ＬＡＩをスマホで測定する研究がされていて、近いうちに実用化されるそうである。それができれば、ＬＡＩの測定は簡単になる。

●照度計を利用した簡易な方法

　そこで、もう少し簡単な見分け方を紹介したい。晴天日の真昼ごろに棚下1ｍくらいの位置で照度を測る（図98）。雨よけシャインマスカットのＬＡＩ4の園の棚下の明るさを測ってみると、野外の照度が15万7000lxに対し棚下の照度は1600〜1700lxだった。そのときの果実温度は31℃、表面の葉の温度は34〜35℃であった。

　同じ園のクインニーナは、ＬＡＩが2程度だったが、棚下照度は4000lxだった。果実温度は32・5℃、表面の葉の温度は37〜38℃だった。

　棚下の照度は、野外にくらべてＬＡＩ4では約1／90〜1／100、2では約1／40なので、これを念頭にいれて判断するのがよいだろう。

●下草の状態でも判断できる

　また、園内に草が生えている場合、ＬＡＩが3になると草の勢いが急激に衰え、4になるとほとんど生えない。4をこえると下葉が黄化して、落葉するようになるので判断できる。

　器具を使おうが目で判断しようが、園周辺からはいる光の影響を、できるだけ受けない場所で判断することが大切である。面積は広いほうがよいし、園の中央部のほうがよい。そして、目でよく観察して、平均的な明るさのところを測ることがポイントである。

●棚面の明るさの測定は晴天日の真昼に

　最適ＬＡＩの4という数字は、露地栽培の1年間の平均値としては正しい。しかし、高品質

図99　光の弱い棚下の葉は平らになる

果実を多く収穫することを目的にした、栽培面からすれば正しくない。それは、これまで述べたように数値は変動するからである。

品種（とくに成熟時期）、作型（とくに日射量、日照時間）、温度、湿度、風、養水分などの条件による。したがって、それらのことを考慮して最適ＬＡＩを判断しなければならない。

それを前提として、ＬＡＩを判断するときの注意を述べておきたい。

最適ＬＡＩと樹冠下の照度とは同じ関係にある。しかし、同じＬＡＩでも、晴れた日と曇りの日では樹冠下の明るさはちがう。

光が強いとブドウの葉は垂れたり、内側に巻いたりして葉陰が小さくなるので、木漏れ日が多く明るく感じる。ところが、曇りや雨になると光が弱くなるので、棚下の葉と同じように葉は平らになる（図99）。そのため葉の重なりが密になるので、棚面は暗く感じる。

また、時間によってもちがう。朝や夕方には光が斜めから射すので、木漏れ日はなくなり棚面は暗くなる。

だから、棚面の明るさを測るときは晴天日の、真昼ごろがよい。

ＬＡＩを高める方法

●長梢は結果母枝の密度を高め、短梢は数を増やす

ブドウのＬＡＩを最適の４にするには、従来の方法では平均新梢長を３ｍくらいまで伸ばさなければならない。これでは、８月ごろまで伸びている必要があり、早生品種では収穫後になってしまい、高品質多収は達成できない。

これまでの常識を打ち破ること、すなわち芽かきをやめることである。20～30cmくらいで止まるような新梢も全て残して、その花穂は落とす。

長梢せん定なら、結果母枝の密度を高めれば、比較的容易にＬＡＩを高めることができる。

問題は短梢せん定の場合で、せん定の項でも述べたが、従来のように側枝に残す結果母枝を１本ではなく、２本か３本に増やして新梢数を飛躍的に増やすことである。もちろん、翌年の結果母枝は十分とれるので問題はない（図100）。

図100　無芽かきシャインマスカットのＬＡＩは開花期には３をこえた

短梢せん定は、強い新梢が出やすいので、長梢より１新梢の葉面積は大きいのが普通である。したがって、長梢せん定より新梢本数を少なめにしてもＬＡＩを3.5～４程度にはできる。

●大事なのは葉が園全体を均一に覆うこと

ＬＡＩが最適値であっても、葉がかたよっていて樹冠のあちこちに大きな空きがあれば、果実の品質や収量は当然落ちる。

ブドウで新梢の誘引を重要視するのは、空きを埋めるためである。同じＬＡＩでも、全園が

葉で均等に覆われていることが大切である。新梢は交叉しても重なり合ってもいいので、葉が均等に並ぶようにねん枝したり、テープナーで棚線に固定する。

なお、主枝や亜主枝の先端のように、伸ばさなければならない枝を除き、最適LAIをこえるような新梢は摘心するか夏季せん定で止める。

いずれにせよ手をかけて、均一な葉の重なりで最適LAIを確保することである。

●誘引しなくても均一にする方法

土壌条件に合わせて樹冠を広げ、十分樹勢を落ち着かせた樹を、無芽かきにして新梢の数を増やし、平均新梢長は50～60㎝で止まるような樹勢にする。新梢の半分は開花期に、90％は開花後1カ月以内に生長を停止するようだと、新梢の自重で棚にかぶさり、誘引しなくてもほぼ均等に葉が配置される。しかし、こうした樹にするにはかなりの努力が必要である。（図101）。

図101　無芽かきで新梢が60㎝平均で止まり，無誘引でも棚は均一になる（デラウェア）

ただし、十分樹勢を落ち着かせた樹でも、短梢では強い新梢がかなり出るので、それらは棚に誘引して適度な長さで摘心する。

●百聞や百見より一行を
―正しいかどうかはやって確認したい

以上、LAIの重要性と4にする方法について述べたが、おそらく多くの人はすぐには信用されないだろう。それは、これまでの常識とずいぶんちがった考え方だからである。しかし、この値は、実際にシャインマスカットで糖度18～20％、3t以上の収量をとっている事例を元にしており、少なくともその事実はまちがいない。この園以外でもLAI3.5程度で、3m近く伸びたかなり強い枝を使って、10a当たりの房数を3000残し、1000gの立派な房をとっている園もある。

人は自分の常識で理解できる範囲の新技術は、意外と早く信用する。ところが、常識とかけ離れていればいるほど、信用してもらうのに時間がかかる。正しいかどうかをみきわめるには、やってみなければわからない。「百聞や百見は一行（いっこう）に如かず」である。

光合成産物（物質）の果実への分配を増やす

●新梢（結果枝）が短いほど果実への分配は増える

これまで、ブドウの物質生産量はLAIに比例すると述べてきた。しかし、物質は果実だけ

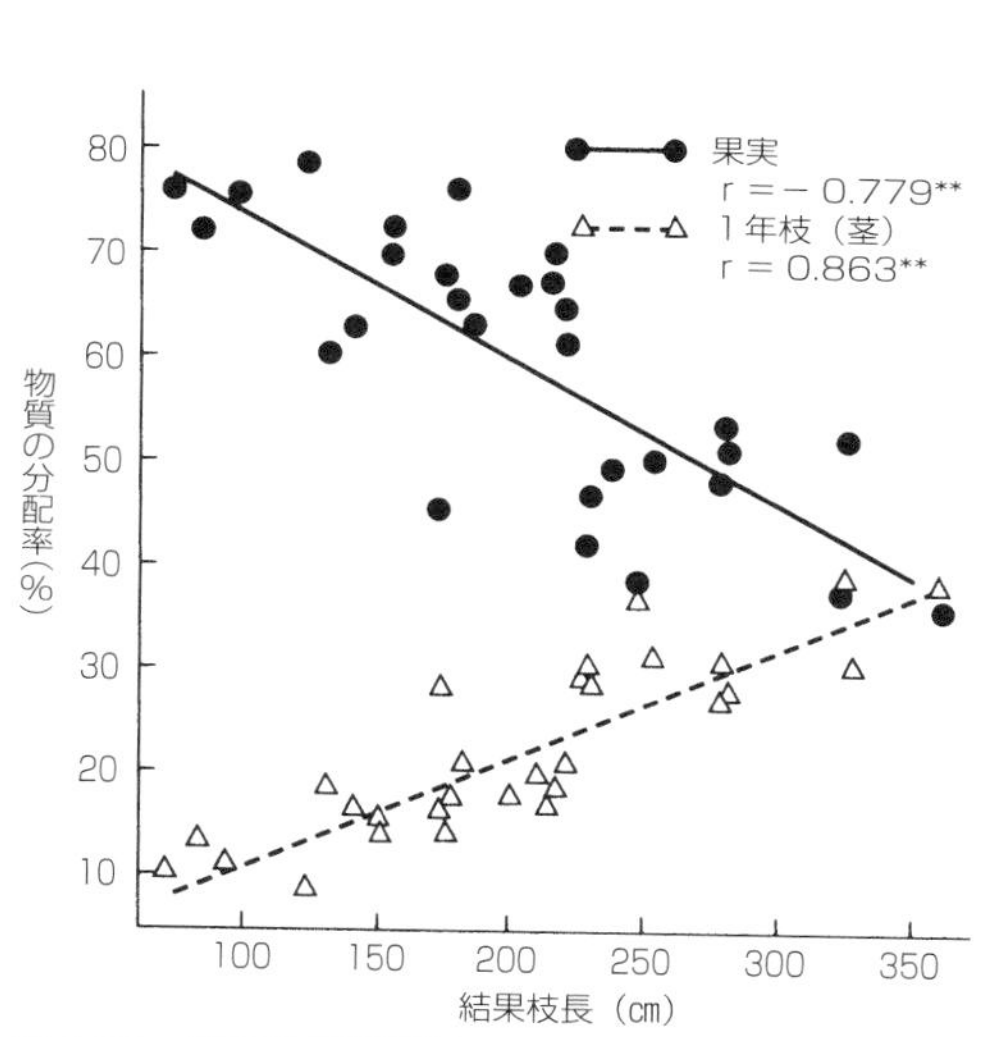

図102　基部を環状剥皮した結果枝の長さと果実，1年枝への物質配分率

結果枝の基部を環状剥皮すると，物質は果実，茎，葉に分配される。結果枝の長さが短いほど1年枝（茎）への分配が減り，果実への分配が増える

に送られるわけではなく、葉、茎、根、枝にも送られて分配される。したがって、同じ物質生産量なら、果実へ多く送られるようにすべきである。

その決めては、新梢（結果枝を含む）の長さである。光合成をする葉は必ず新梢についている。結果枝で果実と最も競合するのは茎である。実験をしてみると、図102に示すように果実と1年枝（茎）の分配率は反比例する。

茎は基部が太く先が細い円錐形であり、重さは長さの二乗に比例する。だから、茎1gが支える葉面積は新梢が短いほど大きい。したがって、樹全体のLAIが同じでも短い新梢で確保するほど、果実への物質の分配は多くなるのである。

適正収量（適正着果量）の決め方

●ブドウの収量限界はどのくらいか

ブラジルの日系ブドウ農家では、ルビー・オクヤマの反収は3tから4tが普通である。南半球の亜熱帯のため日照時間が長く、日射量がすごく強いうえ、海抜が1000mに近いため昼夜の温度格差が高いなど、自然条件が優れているためだ。しかしそれだけではなく、わが国と同様、全て平棚でつくられているからである。

その他の国ではほとんどが垣根栽培だから、ブラジルと同じ気象条件でも反収は500kgが普通で、多く着果させると品質が劣る。したがって、平棚栽培の有利性を最大限生かして、反収を飛躍的に高めることができたら、外国産ブドウと価格的にも十分競争できる。

それでは、わが国のブドウの反収は最高どれくらいだろうか。もちろん糖度は18％以上でなければならない。反収を厳密に測ったデータは少ないが、調査したかあるいは信頼できるデータを表4に示した。

最も多いのは、LAI4のシャインマスカットの項で述べた園である。その他の園は、従来の考え方で新梢長をおさえてつくった園である。それでも、甲州では3t以上と高く、ピオーネでもマスカット・オブ・アレキサンドリアでも、通常の園よりかなり多かった。

島根県では、ワイナリーとの契約でワイン用に栽培した甲州で反収4t以上とっている人がいる。

この園は、LAIが4程度と高く、糖度17％で、着色は悪いが白ワイン用にはよいということである。生食用で着色をよくしたいなら、房の南側を数枚摘葉すればよい。

これらの結果から考えると、ブドウの収量は現在よりもっと高いと推察される。

表4　多収ブドウ園の収量

品　種	平均新梢長（cm）	新梢数（本/10a）	LAI	1房重（g）	1粒重（g）	屈折計示度（%）	果実収量（kg/10a）
デラウェア	58.0	30,067	3.11	170	1.69	18.5	2,301
シャインマスカット	70.0*	19,277*	約4	1,100	16.00	19.5	3,300
甲州	57.2	11,835	1.65	390	4.85	16.4	3,056
ピオーネ	47.3	14,700	1.65	395.5	17.00	16.7	2,420
アレキ	113.3	3,780	1.09	547.5	10.90	16.9	1,635

注）＊：推定値

●適正収量（適正着果量）はこうして決める

適正収量は物質生産と果実分配率、すなわち新梢の平均長と密度から決まるのだが、なにぶん研究データが少ない。そこで、簡便法として次のように考えた。

果実へ物質を送る日数が長いほど収量は多くなるはずである。果実の物質量は果実を乾燥した重さのことなので、同じ物質供給量であっても、糖度（乾物率とほぼ同じ）の高い品種ほど適正収量は低くなる。

すなわち、開花期から成熟期までの日数と果実の糖度から計算するのである。そのためには、1日当たりの物質供給量がわからなければならない。そこで、デラウェアの多収園の物質生産を基準にした。

LAIの3・11のデラウェア優秀園のデータ、糖度18・5%、4年間の平均収量2400kgの値を用いて計算した。デラウェアの開花期から成熟期までの日数は80日なので、1日当たりの物質供給量は、0・185（果実乾物率）×2400（収量）÷80（成熟日数）＝5・55kgとなる。

ブドウの最適LAIは4だから、もう少し大きな値にしてもよいと考えられるが、無難な値として、1日当たりの果実供給物質量を5.5kgに設定した。この値を他の品種にも応用して計算するのである。

計算方法は「5.5×開花期から成熟期までの日数÷その品種の糖度%×100＝10a当たりの適正収量kg」となる。

シャインマスカットの例を示すと、5.5×105（成熟日数）÷19（糖度）×100＝3039kgとなる。これは、天候のよい9月中に成熟する作型で、開花後1カ月ころにはほとんどの新梢が生長を終え、LAIが4の場合である。

もし、LAIが3しかなければ2500kg、2であれば1500というようにLAIに応じて加減するが、この換算については、試してみて適正な収量を決めてもらうしかない。

もし、4をこえるようであれば、マイナスになるので、夏季せん定で4になるよう棚を明るくし、収量はやや低くするよう着果量を調節する。他の品種については表5を参考にしていただきたい。

●作型別の着果量は成熟期の日射量で判断

また、糖（物質）の生産量は日射量に比例するので、成熟期の日射量によって着果量をかえなければならない。

山陰地方の作型別着果比率を表6に示してみた。これらの値は、地域の気象でちがうため、それぞれの地方で修正する。たとえば、表6で6月上・中旬より6月下旬〜7月下旬の比率が低くなっているのは、梅雨期にはいり日射量が減少するためである。

なお、年内から加温を開始する超早期加温栽培でも、炭酸ガス施用すると、露地栽培に近い収量をあげることができる。

●若木は満開1カ月後の新梢の長さで判断

樹と樹とのあいだに空間があり、LAIが1〜1.5と低い若木の着果管理は成木とはちがう。結果枝と結果枝があまり重なり合わない状態の

表5　最適葉面積指数4のブドウの適正収量

品　種	成熟日数	糖度（%）	収量（kg／10a）
デラウェア	80	18	2,444
ピオーネ	90	18	2,750
シャインマスカット	105	19	3,039
甲州	125	18	4,044

デラウェア，ピオーネ，甲州は露地，シャインマスカットは雨よけ

表6　山陰地方でのデラウェアの作型別着果比率

作　型	成熟期	比　率
超早期加温	5月上旬以前	0.5
〃（CO_2施用）	〃	0.8
早期加温	5月中〜5月下	0.8
普通加温	6月上〜6月中	0.9
〃	6月下〜7月上	0.8
無加温	7月中〜7月下	0.7
露　地	8月上旬以後	1.0

若木では、満開1カ月後の新梢の長さ2m当たり、デラウェアなら2～3房、ピオーネや巨峰、シャインマスカットなど大房系なら1房残すのがよい。

このときの新梢の長さは、何本かの合計値でもよい。50cmの新梢4本と2mの新梢1本では、同じ数の房を残すわけである。

しかし、満開後も伸びて4mになったからといって、2mの枝の2倍つけるわけにはいかない。なぜならば、満開1カ月以後も伸びる枝についている葉は、果実生産にとってあまりプラスにならないからである。

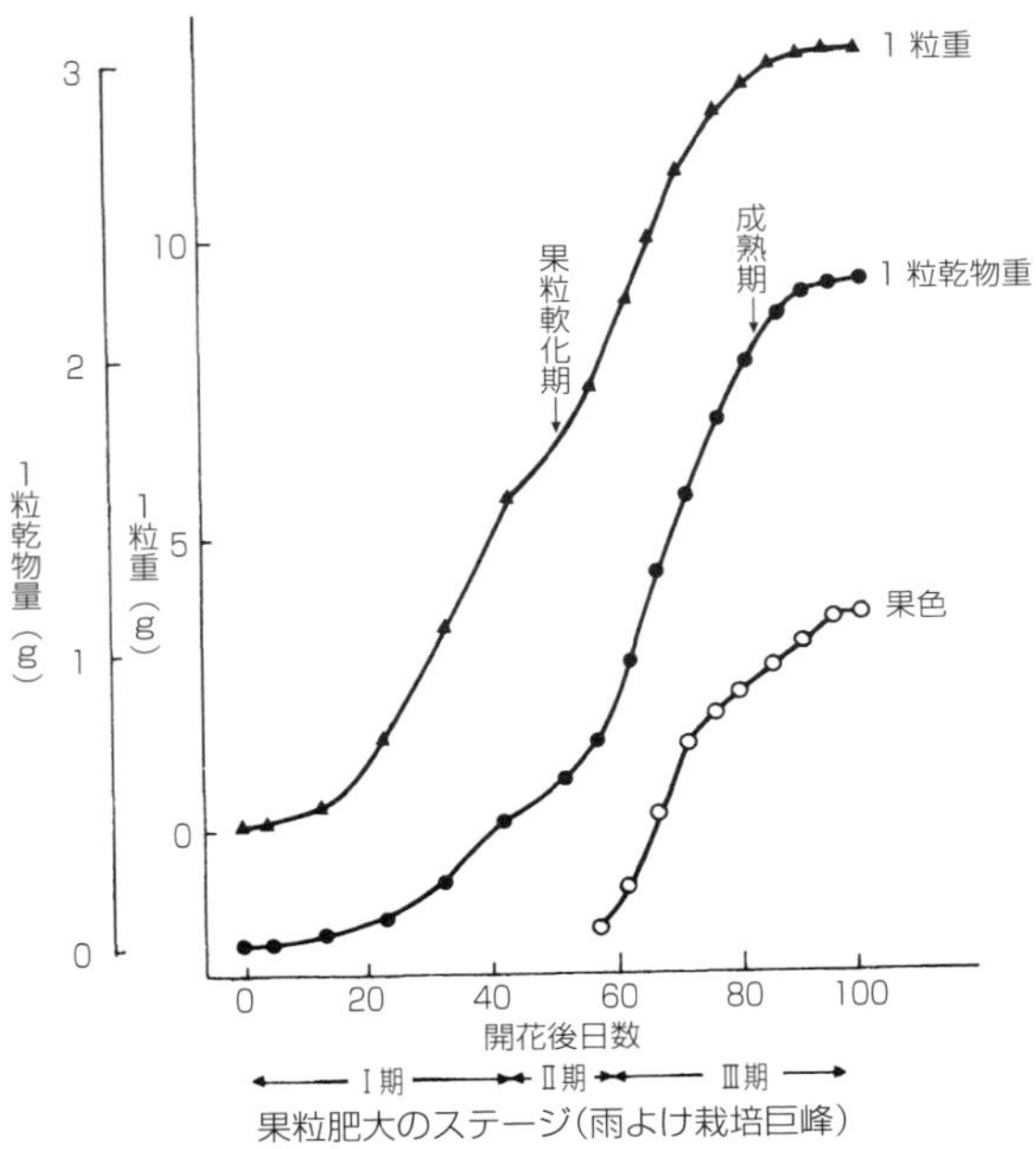

果粒肥大のステージ（雨よけ栽培巨峰）

巨峰の果粒は満開後20日ころから急速に大きくなる。そして，40～50日にかけて停滞し，果粒が軟化するころからはすごい速さで大きく重くなる

図103　果粒肥大のパターン

●最終摘房は果粒軟果期までに行なう

それでは、適正収量にするための最終的な摘房時期はいつごろであろうか。

それは、果粒軟化期直前である。ブドウの果粒は開花後急激に太る。それが果粒肥大第Ⅰ期である。そして、果粒肥大第Ⅱ期の果粒軟化期ごろに停滞し、着色はじめころから果粒肥大第Ⅲ期になり再び急激に肥大する。これが、ブドウの果粒肥大のパターンである（図103）。

果粒肥大を目でみると、果粒が要求する養分は第Ⅰ期も第Ⅲ期も同じようにみえる。ところが、果粒を乾燥させて重さを測ってみると、第Ⅲ期のほうがはるかに急激に重くなっていることがわかる。したがって、遅くとも果粒軟化期までには最終摘房を終えるべきである。

適正な樹相で、開花後1カ月ころに新梢の生長がほとんど止まっている場合には、その時点で最終着果量にするのがよい。

適正な着果量にしたつもりでも、その後予想以上に果粒が太ったり、日射量が少なかったりして着果過多になることがある。したがって、果粒軟化期に再度確認し、多いと思われる場合には再度摘房するのがよい。

粗摘房は早く、枝は気にせずよい房を残す

●1日10aをこなすスピードで

摘房が早いほど残された果粒は太るので、結実がはっきりしたらできるだけ早く摘房する。そのときは、10a当たり残す予定数の1.2倍程度になるよう急いで落とす。この摘房は最終のものではないから、そのときは10aを1日1人で終わるくらいの速さで一気にやってしまうことである。

摘房の方法は、適度な着粒密度の房を残し、花振るいしたもの、着粒がかたよったもの、あるいは密着すぎるものなどを落としていく。

●着果がかたよってもよい房を残す

葉でつくられた養分はどこへでも運ばれるから、枝の長い短いや太い細いに関係なくよい果房を残せばよい。

LAIが高ければ、着果しない「稼ぎ枝」が多くなるから、よい房がかたよってつき周辺は結実不良房が多かったら、かたよったままでかまわないのでよい房を残せばよい（図104）。

実験してみると、10本程度の新梢がついた側枝2本がとなりあっていたとき、側枝の一方は全て摘房し、もう一方の側枝には側枝2本分の果房をつけても問題なく成熟した。このように、結実が悪いときには果房の分布にかたよりができても、結実のよい側枝に多くの果房を残すほうがよい。

図104
かたよっていてもよく止まった花房を残す

摘粒の方法

わが国では、形がよくて大きく美しい果実があたりまえになっているため、人工受粉や昆虫による受粉、ブドウではフルメットや摘心などで、結実を確実にする。そのため果実がなりすぎて、摘果や摘粒に手間がかかる。ブドウでは摘房だけでなく、摘粒という作業が必須になっている。

●種なし大粒種の摘粒

ジベレリン（ＧＡ）処理の時期が早いほど、果梗は変形するだけでなく硬くなる。満開後にＧＡ処理をすることによって果梗は軟らかくなったとはいえ、処理しないものにくらべると硬くなる。

ＧＡ処理した大粒種は、果梗から果粒が離れやすいため、果房に穴がみえないくらいかたづくりにする。房のつみ具合は、上部の二次花穂と房先までの長さを軸長とすると、軸長と果粒の数、大きさで決まる。

巨峰やピオーネの種なし果房では、軸長9～11㎝に30～35粒程度残すと３００～４００ｇくらいになる。ピオーネも同じくらい残せば、果粒が大きいだけ大房となり、４００～５００ｇくらいになる。シャインマスカットで６００ｇをめざすなら、軸長7～8㎝で着粒数は40～45粒とする（図105）。

他の品種では、それぞれ果粒の大きさがちがうので、目標とする大きさの房になるよう、軸長と着粒数を組み合わせていろいろやってみて、適当なものをみつける必要がある。

そのときには、摘粒バサミに先端から、8㎝、10㎝、12㎝というように印をつけておく。そして、目標とする果房の大きさに必要な果軸の長

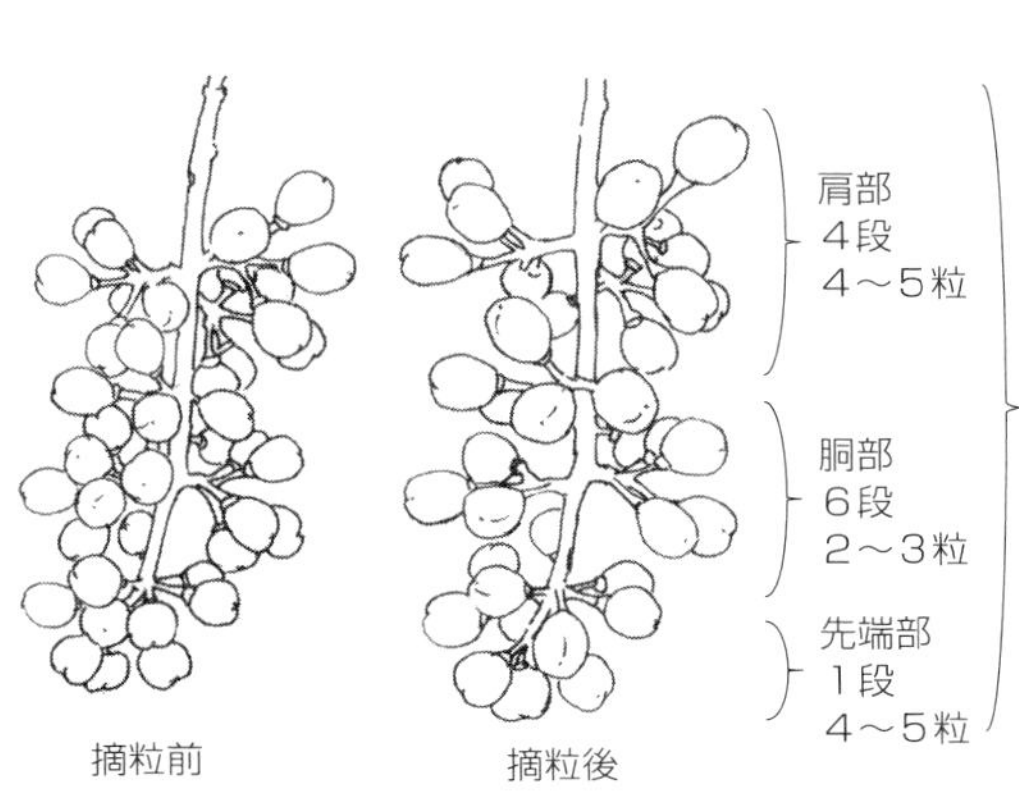

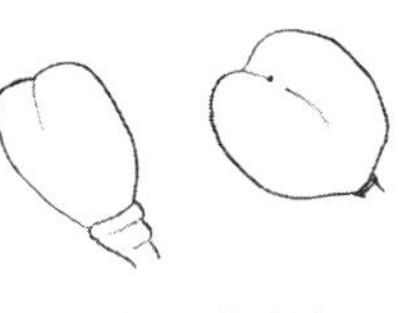

図105　シャインマスカットの房づくりと摘粒のやり方（安田）

さを、果房先端にハサミにつけた印に合わせ、それより上のあまった二次花穂を落とす。そして、つまりすぎた二次花穂は適当に落としてから、摘粒にはいるとよい（図106）。

図106　着粒数の判断は印をつけた摘粒バサミで行なう
摘粒は，摘粒バサミに長さを測る印をつけておき，粒の大きさとつまり具合を軸長と着粒数で判断して行なう

●デラウェアの摘粒

デラウェアは長いあいだ、果粒がぎっちりとつんだほうがよいとされてきた。しかし、このごろはややゆるいほうが食べやすいと人気が出たため、GA処理を早めてゆるい房をつくるようになったことは前述した。

手間が追いつかずGA処理が遅れて、密着房ができた場合には、摘粒しなければならない。着粒密度を適度にするには、軸長1㎝に9粒くらいがよい。

なれるまでは、まず密着した房の果粒数をかぞえ、果軸の長さを測る。その後、軸長1㎝当たり9粒になるようハサミで摘粒する。その状態をよくみて、よく密着した房なら、房の縦に溝ができるよう、摘果バサミで下から上に向かって摘粒していく。

一つの溝で不足するときは二つか三ついれるなどして、ちょうどよい房に仕上げる。溝は粒が大きくなるときれいに埋まってよい房になる。

摘粒時期は、開花後2週間か20日過ぎれば早いほうが能率がよい。粒が小さいときは指で摘粒すると能率がよい（図107）。

デラウェアの摘粒のやり方

摘粒バサミで縦溝をいれるように摘粒する

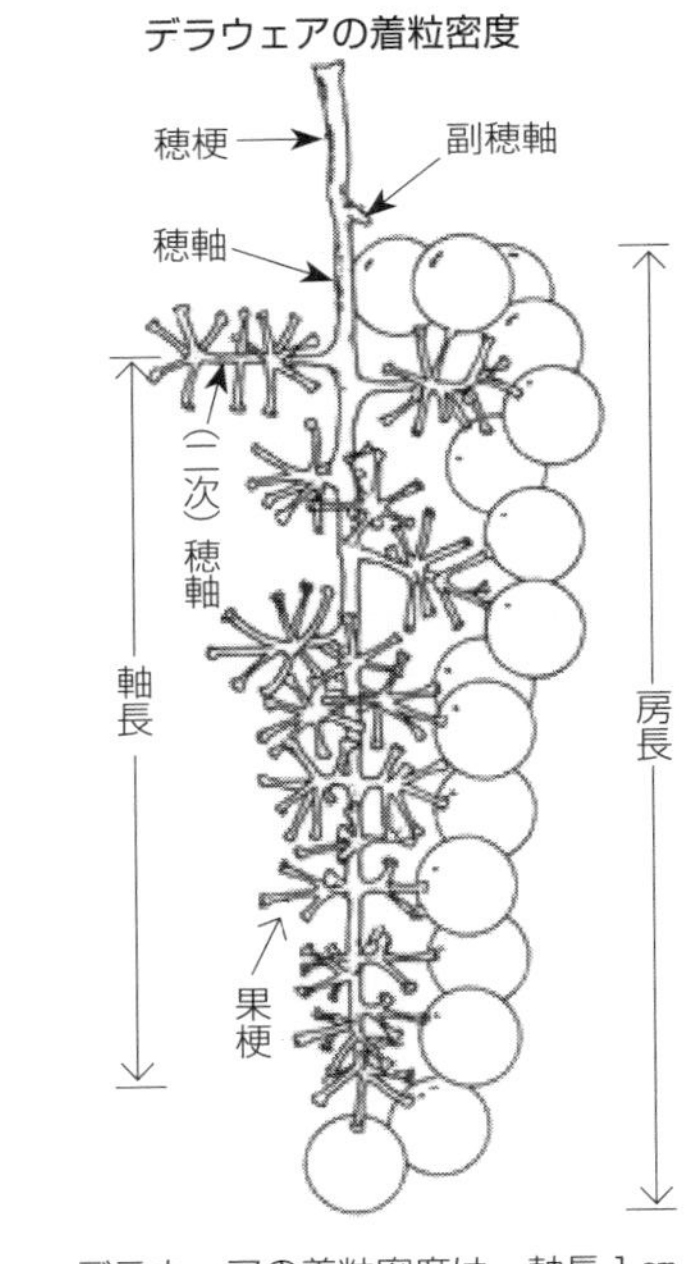

デラウェアの着粒密度は，軸長1㎝当たり8～10粒がよい

図107　デラウェアの摘粒のやり方と着粒密度

●種あり巨峰、ピオーネの摘粒

種あり巨峰では、果梗が軟らかいので、種なしにくらべると少しゆるい房になってもよい。果粒の大きさは10～12gくらいなので、300～400gの房をつくるには、軸長10㎝に30～35粒残す（図108）。500g以上をめざすなら、軸長は12～13㎝とし、40～45粒残すようにする。

ピオーネなど、より大粒の品種では、同じ軸長でも残す果粒を少なくする。とくに4倍体の大粒品種は、粒の大きさがかなりちがう。したがって、粒の大きさを考えて、軸長1cm当たりに残す果粒数を決め、実際にやってみることが大切である。

4倍体品種は、種なしの果粒もよくつくので、それらが残らないように種がはいった果粒だけ残すように気をつけたい。なぜなら、種なしの果粒は小粒でしかも熟すのが早いので、種ありと種なしの果粒が混在すると、着色がまだらとなり商品にならないからである。

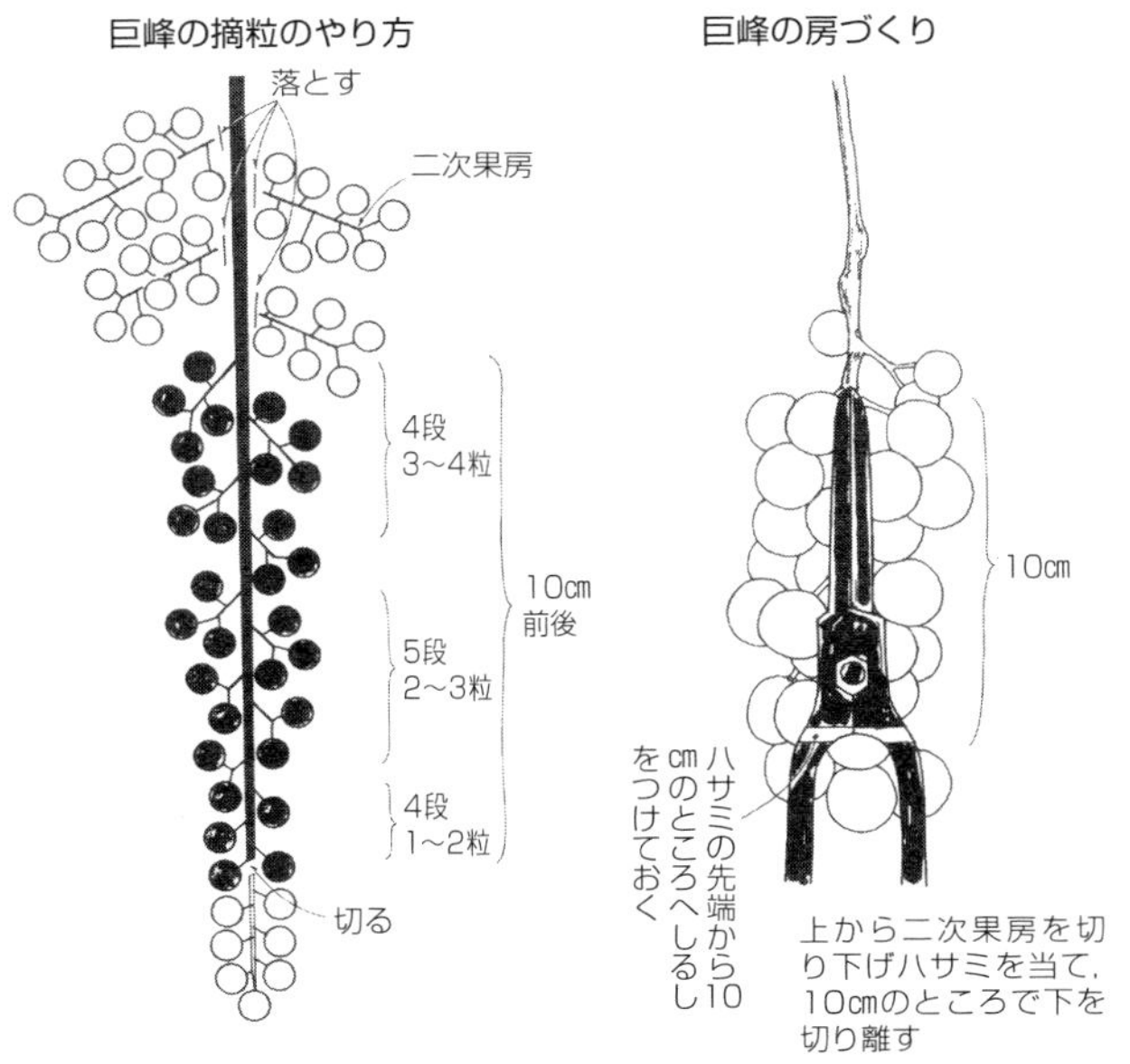

図108　種あり巨峰の摘粒のやり方と房づくり

こんな手だても着色促進に効果的

デラウェアでもピオーネでも、着色が悪いと商品価値が劣る。そのために、着果量を制限するが、それ以外にも着色に影響する条件がある。

●着色期の葉色は濃いほうがよい

窒素が効くと着色が悪くなるといわれる。そして、葉色が濃いと窒素が効いているといわれる。ところが、実際に着色期の葉色と果実の着色との関係を調べてみると、葉色の濃いほうが果実の着色がよい場合が多い。

そして、窒素が効きすぎて新梢が伸びたり、一度止まったのが二次伸びしたりしているときは、葉の色が淡くなる。もちろんこの場合は、果実の着色はよくない。

以上のように、果実がよく着色するためには窒素が効いていなければならない。ただし、その程度は、葉の色は濃いが新梢は伸びないくらいでなければならない。

●果実温度は低いほうがよい

散光着色品種（デラウェア、巨峰、ピオーネなどほとんどの品種）の果実は、温度が高くなると着色が悪くなる。棚面が明るすぎると、果実に強い光が当たる。光は着色を促進するが、強すぎると果実温が上がり着色不良になる。それだけでなく日焼け果にもなりやすい。また、棚が明るいのに袋をかけると、袋内温度は上がり果実温は高くなる。したがって、作型や熟期によっては着色が悪くなることがある。

LAIが高いと、果実に光が当たらないので、果実温度は低くなる。しかし、直光着色品種（甲州、甲斐路、クインニーナなど）でも、果実温度が低いと光が不足気味でもよく着色するようだ。また、シャインマスカットのような白ブドウでは、緑が遅くまで残るので、袋なしで収穫を遅らせても商品価値は下がらない。

●環状剥皮で着色と熟期が促進

水田転換畑など肥沃地に植えられた若木の巨峰は、きわめて樹勢が強い。そのため果実の着色が悪くなりがちである。そんなときに有効なのが、環状剥皮（かんじょうはくひ）処理である。

葉でつくられた糖（光合成産物、物質）は、主枝、幹などの古枝と太根の肥大や新根の生長にも使われる。ところが環状剥皮をすると、そこから下へは糖が転流しなくなるので、果実へ多く分配される。そのために、着色がよくなり熟期が早まるのである。熟期が同じでもよければ、剥皮しない樹より、樹冠面積当たり1.2～1.3倍着果させてもよい。

環状剥皮は、幹でも、主枝でも、追い出し枝でも必要と思われる部分に行なう。樹勢がものすごく強くて花振るいがひどすぎる場合は、幹の中間どころを剥皮するとよい（図109）。

図 109　環状剥皮で早熟になる（巨峰）
右が剥皮した枝

●**環状剥皮の時期は開花後1カ月**

環状剥皮の時期が開花後1カ月より早いと、まだ葉面積が増えている時期なので効果が劣る。しかし、開花後1カ月より遅くなると、遅くなるほど効果は劣る。したがって、環状剥皮の適期は開花後1カ月ということになる。

剥皮する位置は、永久樹なら幹の中間どころ、間伐樹では幹の上部、追い出し枝など太い枝では古枝との分岐部である（図110）。

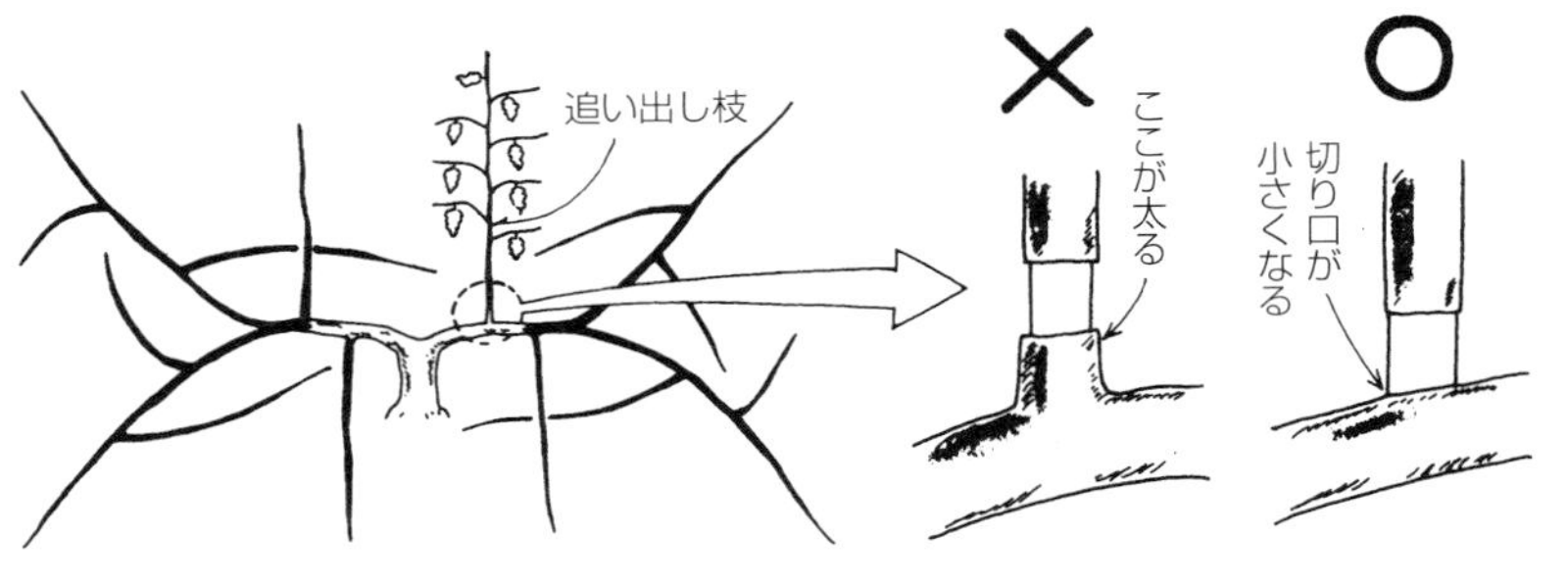

せん定で切り落とす予定の追い出し枝や不要な旧枝は，基部を環状剥皮すると果実の品質が向上する

切り落とす枝は基部を残さず剥皮する

図 110　太枝の剥皮処理

剥皮幅は、太い枝や収穫後切り落とす枝は幅広く2cm程度、翌年も使う枝や、細い枝では1cm程度とする。

収穫後切り落とす枝は、形成層が残らないよう剥皮部をナイフの背でこすっておく。収穫後も残す枝は、皮をはいだ後すぐにガムテープを巻いて保護しておくと、早く癒合する。

大雨による裂果を防ぐには

大雨が降ると、当然果粒へもその水が供給される。とくに、成熟期になると果皮が弱くなるので、急に水が供給されると裂果がおきやすくなるので注意が必要である。

●**園内に雨水をいれない**

ハウス栽培でも、平坦地の連棟ハウスで谷樋がないか、一部被覆栽培などでは谷間部分から雨水が園内にはいる。谷間から雨水が落ちるようなハウスでは、ものすごい量の雨水になる。こうしたハウスでは、地面に溝を掘ってビニルを敷き、雨水を園外に出す。屋根型ハウスやアーチ型連棟ハウスで、谷間に樋が設置されていれば問題ない。

また、ハウスの周囲に溝を掘って、周囲から園内にはいる水を遮断することも大切である。

●果皮を強くする

もう一つ大事なことは、果皮を強くすることである。

デラウェアやナイヤガラなど、二倍体品種であれば、ゆるい房をつくるようにすればよい。若いときから果粒がふれ合うと、ふれ合った部分の果皮が弱くなり、そこから裂果がおこりやすい。着色期ころからふれ合うくらいがちょうどよい。大粒系品種でも密着すぎると裂果する。品種のちがいや房のつくり方など、自園に合った着粒密度をみつける努力が必要だ。

ブドウの果皮は成熟するにつれて弱くなるので、果粒肥大第Ⅲ期の肥大がよすぎると裂果がおきやすいのは、果皮が弱くなるからである。とくに、この時期に窒素が効きすぎると果皮が弱くなり裂果しやすくなる。

果粒肥大第Ⅰ期の肥大を促進させ、後半はやや抑え気味にすると果皮は強くなる。

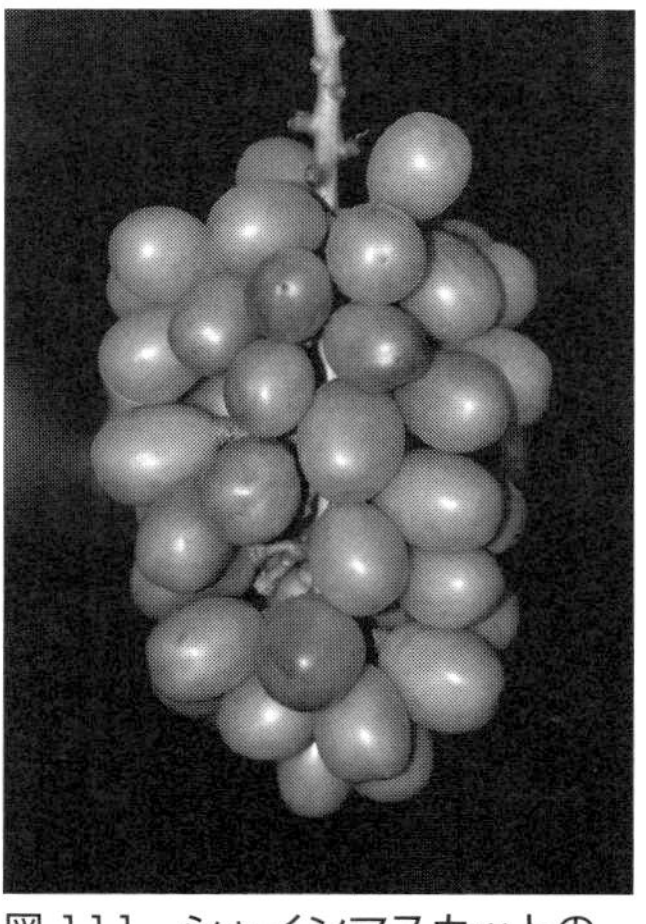

図 111　シャインマスカットのアン入り被害

アン入りは長雨直後の高温乾燥に注意を

果粒が急速に肥大する、果粒肥大第Ⅰ期の中ごろから第Ⅱ期直前までに、「アン入り」という症状が出やすい。症状は、はじめ果粒がへこみ、そこが褐色になり、ひどいと果粒全体が褐色になって枯死する（図111）。

アン入り果粒は除去しなければならないので房に穴があく。1粒や2粒なら、うまくいけば周囲の果粒が肥大してわからなくなる。しかし、大量に発生すれば、果房に大きなすき間ができて商品価値は大きく低下する。

出やすいのは、梅雨時など長雨がつづいたあと、急に晴れて気温が高くなったときである。曇雨天が長くつづくとブドウは気孔を一杯に開き、体内の水を吐き出す。そういう状態になっているとき、急に晴れて高温になると、葉からの蒸散量が急激に増える。そうすると、根が吸収する水の量が蒸散量に追いつかないため、葉は一時的に果粒から水を奪い取る。そのため、果粒は水分欠乏になり細胞が死ぬ。これがアン入りの正体である。

アン入りは果粒肥大第Ⅰ期のなかごろから第Ⅱ期直前にしか出ない。そのころは最も急速に果粒が肥大するので、果粒の乾物率（糖度）が最も低くなっており、水の奪い合いで葉に負けるからである。その前や後の時期は、乾物率が高く葉との水の奪い合いに負けないので、アン入りは出ない。

防ぐ方法があるだろうか。完全に防ぐのは困難だが、軽減する方法は考えられる。天気予報で雨つづきの翌日快晴と出たときには、朝早くから十分灌水する。また、ハウス栽培では、室内温度が高くなりすぎないようサイドビニルを開けるが、徐々に開けていき一挙に開けないことである。

夏季せん定は常識

●伸びすぎた新梢は養分のムダ

生育期間に新梢を切ったりして、樹体に傷をつけるのはよくないと思っている人がいる。露地栽培なら6月下旬ごろだが、ほとんどの新梢が1.2m前後で止まるようなら、切る必要はまったくない。短梢せん定なら、となりの主枝まで伸びて止まるのが理想的だ。

しかし、新梢が遅くまで伸びれば伸びるほど、養分は新梢の生長に消費され果実にまわらなくなり、収量や品質は低くなる。したがって、必要な葉面積さえ確保できれば、新梢の生長は止まったほうがよいし、止まらなかったらせん定（夏季せん定）によって止めなければならない。

●葉数20枚以上の新梢は切りちぢめる

開花後1カ月たっても伸びているような新梢は、全部摘心して伸ばさないようにする。もしも、棚面のＬＡＩが4より暗いようだったら、思いきって新梢を切りちぢめる。葉数で20枚、長さ2ｍ以上は不要だから、長梢、短梢にかかわらず長い新梢は2ｍでせん定してよい。

このとき、切り落とした新梢の先を引っ張り下ろすと、残った枝の大切な葉を落としたり、果実に傷をつけることがある。切り落とした枝をさらに短く切っててていねいに下ろすか、忙しいときはそのままにしておく。しばらくすると枯れて自然に落ちる。強い新梢を切ると、副梢が伸びて棚面がかえって暗くなることがある。そのときは、めんどうでも副梢を1葉残して摘心する。

こうなったのは冬季せん定が強かったためで、次のせん定では必ず弱くすることが大切だ。

袋がけの判断とタイミング

●袋がけは必要か

露地栽培では、果実に袋をかけることが多い。利点は農薬が果実にかからないので、病害虫防除がやりやすいことである。とくにチャノコカクモンハマキ、チャノキイロアザミウマ、ダニ類の防除には袋をかけておくとよい。果粒が大きくなってからこれらの害虫が発生しても、果実の汚染を気にせずに防除することができる。

近年は、果実汚染が目立たない優れた農薬が開発されており、使用基準を守って防除すれば、袋がけの必要性は低い。ただ、食品の安全性からは袋がけの価値は高い。

ハウス栽培は、被覆によって袋がけと同じ効果があるので、普通は必要ない。そのかわり、天窓やサイドなどには害虫や鳥害を防ぐネットを張る必要がある。

●袋がけはできるだけ早い時期に

ブドウの果実は皮をむかないで食べるから、農薬の安全基準を守っても、農薬散布そのものをきらう消費者は多い。しかし、袋をかければ、果実へ農薬はかからない。そのことをウリにしている農家も多い。そのためには、できるだけ早く袋をかける必要がある。

着粒密度が適度なデラウェアなどの品種なら、摘房後にかければよい。摘粒が必要な果房は、摘粒後着果量を決めた段階でかけるのがよい。ピオーネやシャインマスカットなどの大粒系のブドウでは、摘粒の期間が長いので遅くなりがちである。こうした品種では、摘粒が終わったものから袋がけするとよい。

ハウスや雨よけ栽培では袋がけは不要なので、農薬は直接かかる。しかし、露地栽培にくらべると回数も量も少ない。いずれにしても、許された散布基準を厳守しなければならない。

●スリップスやハマキムシに注意してかける

袋がけの最も重要な目的は、病害虫の予防である。しかし、下手するとかえって害虫の被害を多くすることがあるので注意が必要である。

それは、ハウスに多いスリップスやハマキムシである。これらが発生しているときに袋がけすると、袋で包むから防除できなくなる。

したがって、袋をかける場合は、袋をかける前に必ず必要な防除を行なっておくことが大切である。また、袋はプラスチックだったりロウなどが塗ってあるため、すべすべしてポケットから取り出したり口を開けたりするのがやっかいだ。そんなときには、袋の止め口を一夜水に浸けてぬらしてから使うとあつかいやすい。

防鳥はネットが確実

やっと収穫だと喜んだのもつかのま、カラスの大群にやられるなど近ごろ鳥害が目立っている。鳥害を防ぐ方法はいろいろ考えられているが、ネットに勝るものはない。ハウスなら、防風用の4㎜のラッセル編みのネットがよい。

露地栽培なら二重ネット棚の利用をおすすめする。3㎜程度のネットを二重棚にかけると、鳥だけでなく、カメムシ、蜂、ブドウスカシバなどの害虫や小型の獣も防ぐことができる。さらに風を防ぐことができる利点もある。

失敗しない収穫適期のみきわめ方

●適期の判断は着色だけでは危険

せっかく丹精こめてつくっても、まずいものを出荷したのではよい値段がつかない。よい収入を得るためには、消費者のニーズにそうように収穫したい。

ブドウの食味は糖と酸の値と比率で決まり、糖が高ければ高いほど、酸は低いほど美味しく感じる。デラウェアやピオーネなどの着色品種は色の濃いものほど糖度が高いので、色で収穫適期を判断するのが普通である。しかし、色と糖度との関係は、生育状態や年によってもちがうので、あらかじめ糖度計で測った値と色との関係を調べてから収穫するようにする。

着色しない品種も含め、糖度は糖度計で簡単に測れるが、酸の測定はややこしいので、実際に食べてみて食味を判断するほうが確実である（図112）。

●朝収穫すると日持ちがよい

肉眼では、果粒は毎日順調に太っているようにみえる。しかし、実際には日が昇ると果粒は縮みはじめ、日中はほとんど肥大しない。そして、日が陰ると肥大しはじめ、前日より大きくなる。これをくり返して、大きくなるのである。

だから、日中に収穫すると果実は半ばしなびた状態なので、新鮮度に欠け日持ちが悪くなる。さらに、果実の温度が高いことも日持ちを短くする。したがって、収穫は水分が多く果実温度の低い早朝に行なうのがよい。午後収穫するときは、できるだけ遅くし、一夜外気にさらし果実を冷やしてから出荷する。

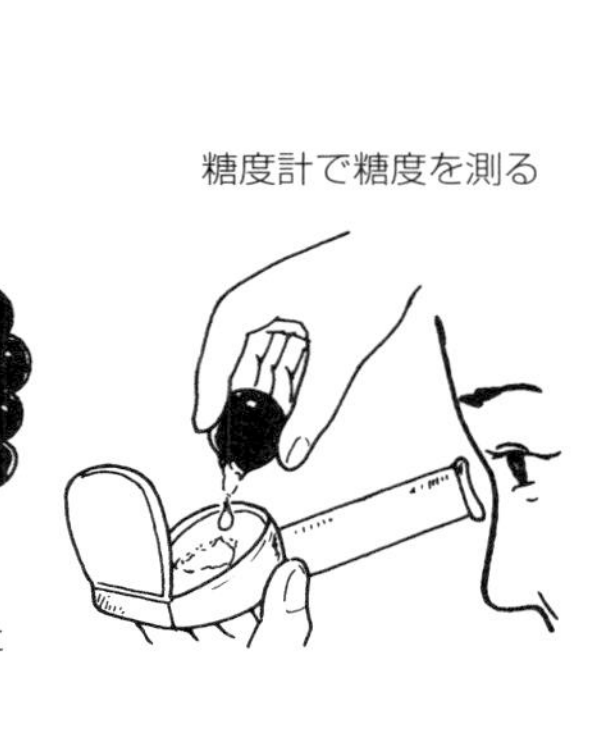

図 112　収穫期の判定法

●大きさ別に収穫すると調整がらく

ブドウは他の果樹にくらべて、収穫調整や荷造りに手間がかかる。この時間を少なくするためには工夫が必要だ。

袋がかかっていると無理であるが、ハウス栽培のように果実が直接みえる場合には、収穫箱を複数用意して、階級を分けて大きさ別に収穫する。そして、調整するときはそれぞれを等級別に分類する。箱詰め段階で、等階級に分けるのでは手間もかかるし果粉も落ちる。

●よい房から収穫する

経営規模や人手にもよるが、一度に多く収穫しなければならないときは、よい房を優先して収穫する。もったいないからといって悪い房も一緒に収穫すると、選果に手間どり夜遅くまでかかり、どうかするとよい房が残ることになる。

そうなれば、よい房が傷み、よい値で売れなくなる。悪い房は、手間があるときに売り方を考えて荷造りするのが、上手なやり方である。

●消費者になったつもりで作業しよう

高度経済成長期には、田舎から都会へ多くの人が就職し、都会の人口が急速に増え、大量生産大量消費という経済に変貌した。そのため、農産物の販売は農協を経由して大市場で競売にかけられ、卸業者から街の果物屋やスーパーへと配達され、消費者はそこで買った。

この流通形態は、当時の時代にマッチしていたが、結果として生産者と消費者を分断することになってしまった。

ところが、現在では事情が一変し、宅配便などの輸送革命により、農家個人と消費者が直接取引できるようになった。これが本来のつくり手と買い手の関係である。消費者に美味しいブドウをいかに食べてもらうか、収穫、選果、荷造りに当たっては、消費者になったつもりで作業をしよう。

消費者がよろこぶ美味しいものを販売し信用を高める

●早出しや外観より味を第一に収穫・販売

ブドウは早く出荷すると、希少価値によって高価で取引されやすい。いまでも基本的には同じだが、輸入自由化で外国産のブドウが一年中売り場に出回るようになった。このため早出しのメリットはかなり減ってきたといえよう。

しかも、果物専門店が減った分、スーパーなどで気軽に買えるようになった。そのため消費者は自分の味覚で選ぶようになり、進物用の外観重視から味重視へと考えがかわった。

したがって、美味しくないものは、安くても売りにくくなってきている。そして、早く出すことが有利とはかぎらなくなった。急いで出荷するのではなく、糖が高く酸は低くなって十分に熟したものを収穫したいものだ。そのことが、長い目でみると農家や産地の信用を高めることにもつながる。

●一度落とした信用はなかなか回復しない

以前市場を訪問したときに、私の県から出荷されたブドウの秀品の二段詰め箱をみせてくれた。一段目はまあまあの果房がはいっていた。だが、下の段のブドウは小粒で、しかも花振るいした規格外品であった。私は、二の句がつけず、大変に恥ずかしい思いをした。

もちろん、いまではそのようなことはないが、こんなことでは市場の信用は得られないし、ましてや消費者は怒るだろうと思った。消費者に喜んでもらってこそ、満足のいく値段を主張できるというものだ。市場や消費者を一時的にだまして儲けたとしても、いちど落とした信用はなかなか回復しない。産地全体の評判を落とし、他人に大きな迷惑をかけることにもなる。

自家販売でも、基本は同じである。つづけてお得意さんになってもらうためには、外観も大切だが、美味しさを犠牲にしたら絶対にいけない。食べて美味しいことこそ、消費者が最も喜ぶことだと思う。

●進物用は味だけでなく見た目も必要

自家販売だろうと共同出荷だろうと、心がまえの基本は同じで、買う人の身になって考えることが大切だ。たとえば箱を工夫することも必要である。進物用の箱と自家消費用の箱では、ちがってあたりまえである。大きさもいろいろあってもよい。贈る人にふさわしい箱を使ってあげたい。進物用なら、だれがみても嬉しくなるような箱にしたい。道路端で売る場合は、1房売りなどもおもしろい。ドライバーがジュース代わりに食べることを考えて、カス入れ兼用のポリ袋入りで売る方法も一案だと思う。

自家販売で最も大事なのは、美味しいものだけを売ることだ。美味しければ見た目が悪いことにちょっと不評を買うことがあっても、必ず理解してもらえる。ただし、進物用はそれだけではいけない。外観、日持ちなど最高のものが求められる。それにふさわしい房がなければ進物用にすべきではない。

結局、ブドウも信用が第一である。一度買った人がまた買いたいと思うようにすることがお得意さんと長く付き合うコツである。

貯蔵養分蓄積期の作業

「ブドウつくりの来年」ということわざがある。失敗をとりもどすための、いさめの言葉ともとれる。来年のブドウの出来の2～3割は、収穫後の管理で決まるといってもよい。収穫が終わったからといって一息つかず、必要な管理は早めに実行したいものである。

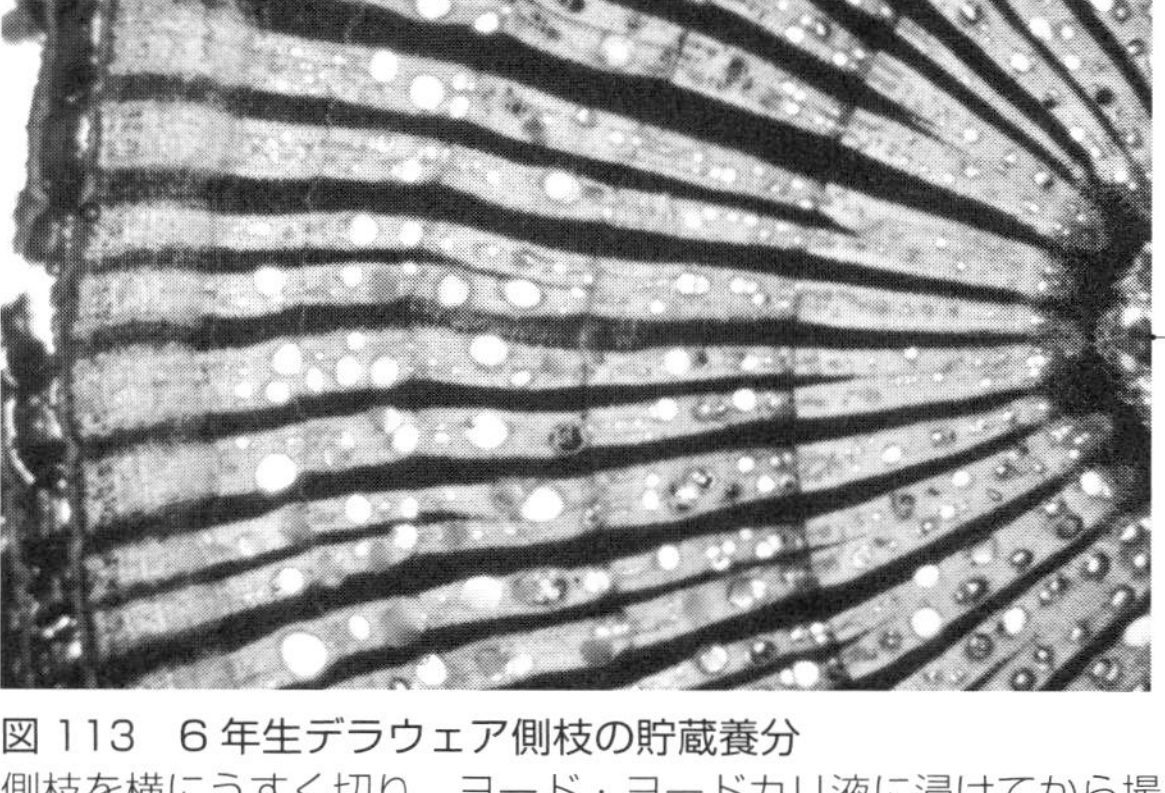

図113　6年生デラウェア側枝の貯蔵養分
側枝を横にうすく切り，ヨード・ヨードカリ液に浸けてから撮影した顕微鏡写真。黒く染まったのがデンプン，白い丸い穴は導管。このデンプンが翌年の初期生長に使われる

（収穫後も葉は貯蔵養分の蓄積に欠かせない）

●収穫後の葉は貯蔵養分の蓄積に欠かせない

収穫後はとかく管理がおろそかになりがちである。収穫後の管理は翌年の豊作を実現するための基本だからしっかり管理しよう。

生育初期のブドウは、前年の収穫後に、古い枝や根に貯蔵された養分を使って生育する。収穫までは養分の多くは果実に送られるので、貯蔵養分はおもに収穫後に蓄えられる。貯蔵養分のほとんどは光合成産物で、デンプンの形で枝と根に貯蔵される（図113）。したがって、収穫後も、健全な葉をどれだけ多く維持するかが重要になる。

また、肥料を吸収するためには、根が生長しなければならないし、吸収にはエネルギーが必要だ。それらは、すべて光合成でつくられた物質が源である。だから葉が大切なのである。

●礼肥は収穫中に施す

果実は、収穫されるまで肥料養分を吸収しつづける。また、ブドウでは収穫期が近づくにしたがって新梢の登熟がすすむ。

登熟していない茎には水分が70％くらい含まれているが、登熟すると50％くらいに減る。すなわち、登熟は茎が充実したわけで、このときに葉から茎へ窒素が移動するようである。そのために、収穫期の終わりごろになると葉の色があせやすい。

礼肥は葉の緑があせてからは遅いので、収穫中に施すようにする。収穫中でも葉の色に気をつけていて、少しでもあせそうであれば礼肥を施す。施す窒素の量は成分で10a当たり2～4kgが普通であるが、葉色が濃ければ少なく、淡いほど多く施す。

●落葉前に窒素は葉から枝へ移動

収穫後の管理で葉を健全な状態に維持しなければならないが、このことをちょっとくわしくみてみよう。

成熟期の葉の窒素濃度は2％くらいであるが、その後はしだいに低下して、1％程度に減って落葉する。これは、葉から茎（結果母枝）

(%)
3
2
1
0
葉
枝
窒素の濃度
7 8 9 10 11月
時　期

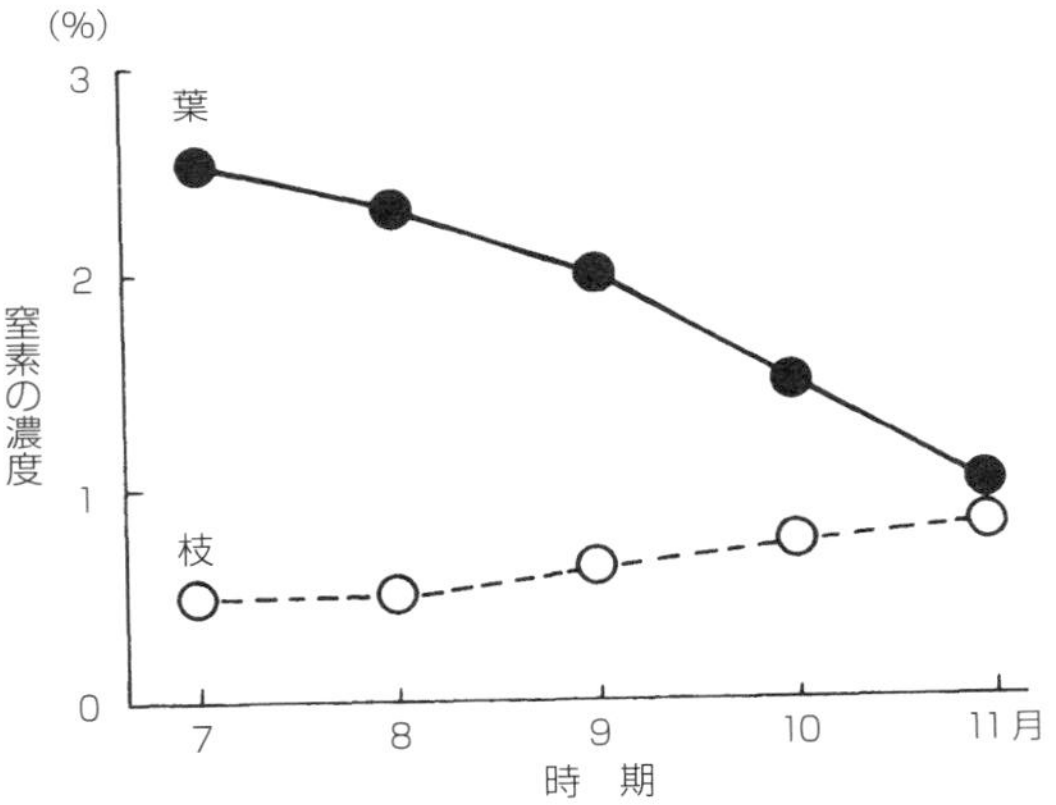

落葉期が近づくにつれ，葉の窒素濃度は低くなり，
枝の窒素濃度が高くなる

図 114　葉と枝との窒素の動き

に窒素が転送されたためである。LAIが4なら、葉の乾物重は300kgぐらいになる。その1%といえば3kgであり、それだけの窒素が結果母枝に移動するのだからばかにならない（図114）。葉をいかに大切にしなければならないかがよくわかると思う。

一番いけないのは、病害虫に侵されて落葉する場合である。窒素を結果母枝へ転送しないで落ちてしまうからである。そういう意味でも、収穫後の病害虫防除は大切である。

しかし、落葉期になっても葉の緑が濃く、黄化しないで寒さで落葉する樹は、窒素の効きすぎである。したがって、葉の緑が濃く、そうなりそうな気配の樹には、礼肥を控えるか極端に少なめにする。

図 115　二次伸長枝の発芽・芽立ち
二次伸長枝は一次伸長部分の発芽・芽立ちが悪い

●強勢樹や二次伸長樹には礼肥はストップ

新梢の伸長は、6月下旬ころには自然に伸長が止まるが、止まらない場合は摘心、ねん枝、夏季せん定などで止めるのが常識だ。その後、葉は光合成生産を行ないながら老化していくが、茎は貯蔵養分を蓄えて充実し結果母枝になる。

ところが、いったん生長を停止した新梢が再び伸び出して二次伸長すると、翌年の芽立ちが悪くなる（図115）。二次伸長しやすいのは、加温などにより収穫が早く終わった園、あるいは極早生で収穫が早く終わった品種、ひどい断根をした樹などである。このような園や樹には当然のこと礼肥はやらない。

また、二次伸長していなくても、新梢が4～5mも伸びて、葉の色も濃いような園にも礼肥は必要ない。

●収穫後にはボルドー液をたっぷり

露地栽培なら収穫直後、ハウスなら被覆を取り除いた直後に、ただちにボルドー液をたっぷりと散布しておかなければならない。それを怠ると、べと病やさび病などが多発するので、葉を健全に維持するために必要である。

ボルドー液は保護剤で病原菌の侵入を防ぐだけであるから、葉の表裏に十分かかっていないと効果がない。だから、1回ですまそうとするなら、10a当たり600mℓ以上散布しなければならない。

さらに、8月下旬から9月上旬の、トラカミキリ防除も必ずしておかなければならない。

新梢（結果母枝）は3～5芽まで登熟していれば十分

新梢（結果母枝）の乾物率（水分を除いた部

分の割合）は収穫後徐々に高くなり、落葉期には50％前後に高まって、発芽前結果母枝と同じように茶褐色になる。しかし、登熟しないで緑のままの新梢は、乾物率が30％少々と低く、冬季には枯れてしまう。

ブドウの登熟は、着果量が少ないほど、また新梢が長く太くなるほどよくなり、収量を多くとるほど悪くなる。しかしブドウでは、たんに登熟がいいほどよいとはいえない。せん定で残す結果母枝の芽数は5芽あれば十分なので、新梢の登熟が悪かったり短くても、3～5芽まで登熟していれば結果母枝として使える。

ただし、若木で樹冠を拡大しているときや、主枝や亜主枝の先端の新梢は、登熟がよくなければならないのは当然である。

間縮伐は樹齢に応じて

●間縮伐はせん定のときでは遅い

冬季のせん定をするときになってから間伐する人がいるが、本来は収穫直後に行なうべきである。なぜなら、残った樹の葉に光がよく当たり、貯蔵養分の蓄積に好都合で、結果母枝も充実するからである。

収穫が終わったら園を見回り、棚面の枝の混みぐあいや新梢の長さなどを観察し、間伐しなければならないのか、あるいは縮伐でよいかなどを判断する。密植で出発した園で失敗が多いのは、間伐しなければならないのに、惜しんでしないからである。これでは、薪をつくっているようなものである。

●若木園では思い切って必ず行なう

若木園の成績がよくなるかどうかは、思い切って間伐できるかどうかにかかっている（図116）。

間伐すると棚面に大きな穴があくが、若木では新梢が平均2～3mは伸びるので、直径が数メートルの穴ができても四方八方から伸びて1年でふさいでしまう。

若木時代は棚面に空きがあるぐらいが栽培しやすい。棚面が空いていると収量はやや少なくなるが、品質はよくなる。

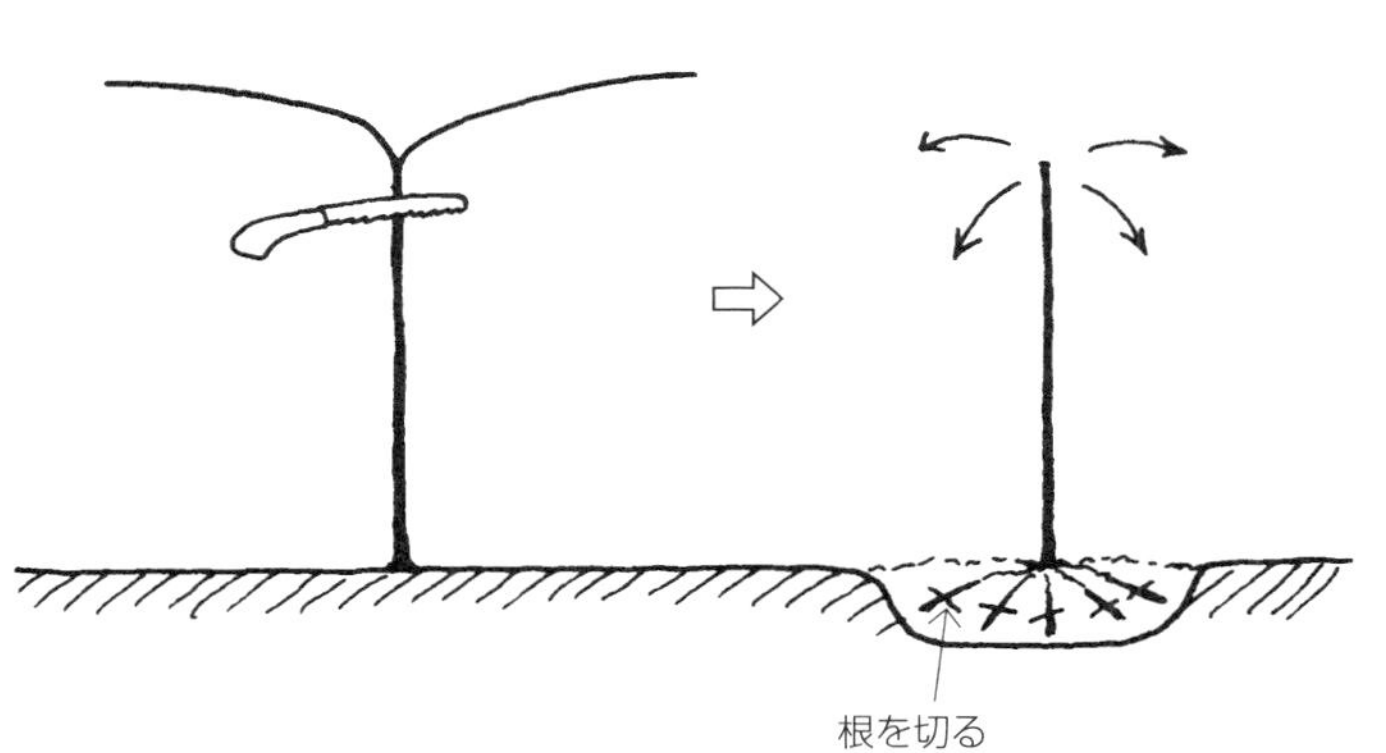

図 116　間伐のすすめ方
間伐は収穫直後に行なえば，残った樹に光が十分に当たるので，貯蔵養分が多くなり充実する

病害虫の効果的な防除

わが国は、雨が多く風も強いうえに、ブドウの適地にくらべ日射量や適温時間が短いなど、不利な条件がかなりあるので、病害虫も多い。人の往来が世界的に頻繁になるにつれ、日本にみられなかった病害虫も増える傾向にある。それらにも気をつけて防除に万全を期したい。

早期発見・確実防除のコツ

●発生を見分ける目のつけどころ

ブドウ園内を並んで歩いていても、技能の高い人には病害虫が発生しているのがみえるが、技能の低い人にはみえないことが多い。技能とはそういうものである。

たとえば、べと病は発生するとかなり遠くからでもわかる。それは、葉の生気がなくなり、やや褐色がかってくるからだ。

また、ハダニが発生すると、葉が黄色っぽくなる。それも元葉に多く、スポット的に出ることが多いので、なれてくるとブドウ園にはいったとたんにわかる。

スリップスは小さいから、肉眼ではなかなか見分けがつかない、しかし、新梢や副梢の若い葉の葉脈にそってさび状の斑点がみえたらいるとみてよい。食害した跡がそうなるからである。虫を直接みたいときは、黒っぽい板の上で果房や葉を指ではじく。スリップスがいれば、板の上に落ちて動き回るのでわかる（図117）。

小さな害虫でも、ルーペを利用すればよくみえる。ルーペではみえないサビダニなどは、50

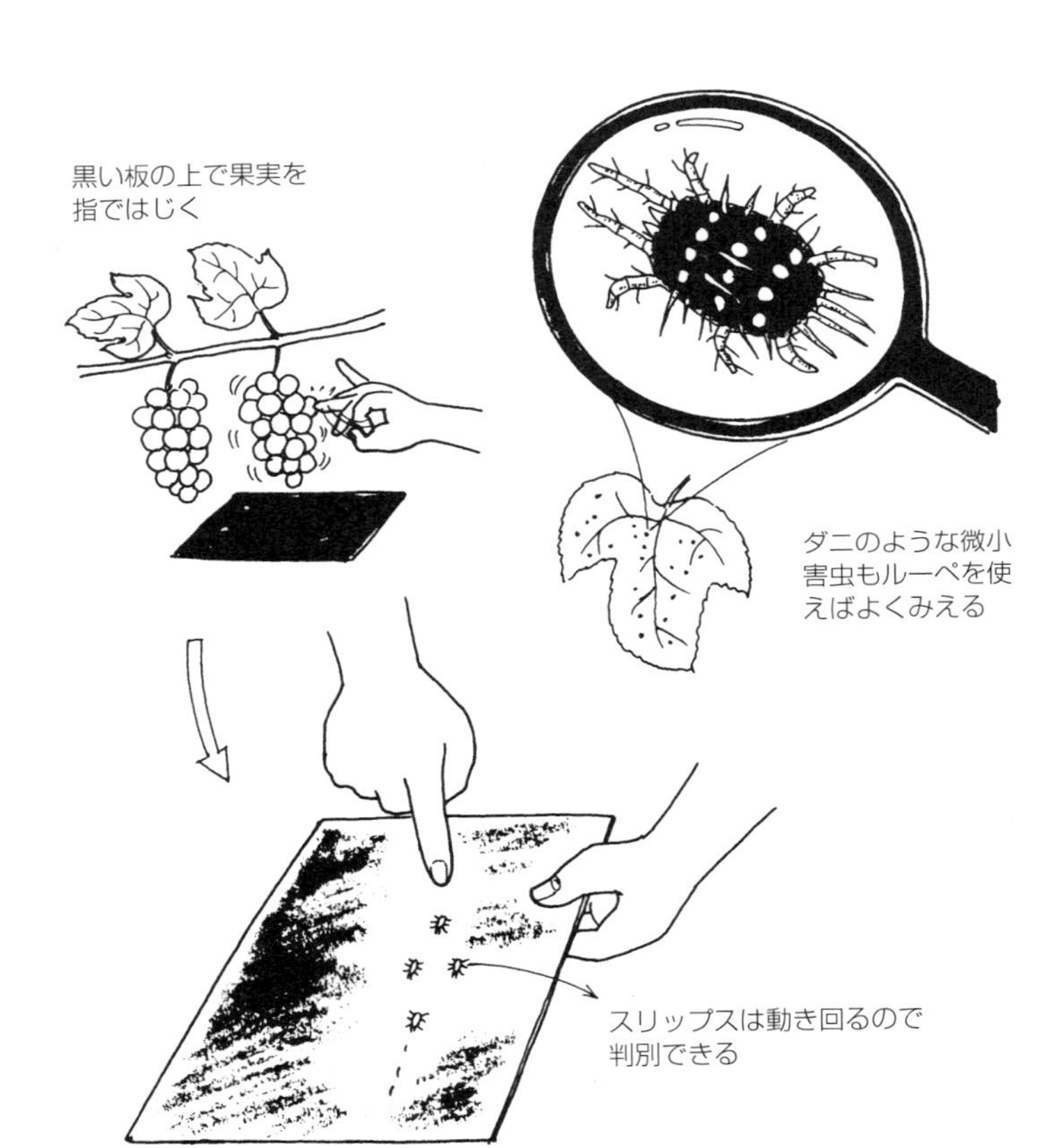

図 117　微小害虫のみつけ方

〜100倍の顕微鏡を利用するとよい。安くてよい顕微鏡があるから、ブドウづくりのベテランになろうと思えば、持つべきだろう（図118）。

●忘れがちな効果の確認

病害虫をみつけたら、なるべく早く防除しなければならないが、農薬が効いたかどうか確認しない人が多い。これでは、上手な防除はできないので、農薬を散布したら後で必ず効果を確認したい。

害虫は効果が出るのが早いから、散布した翌日に、病気は数日後に園を見回って効果を確認する。

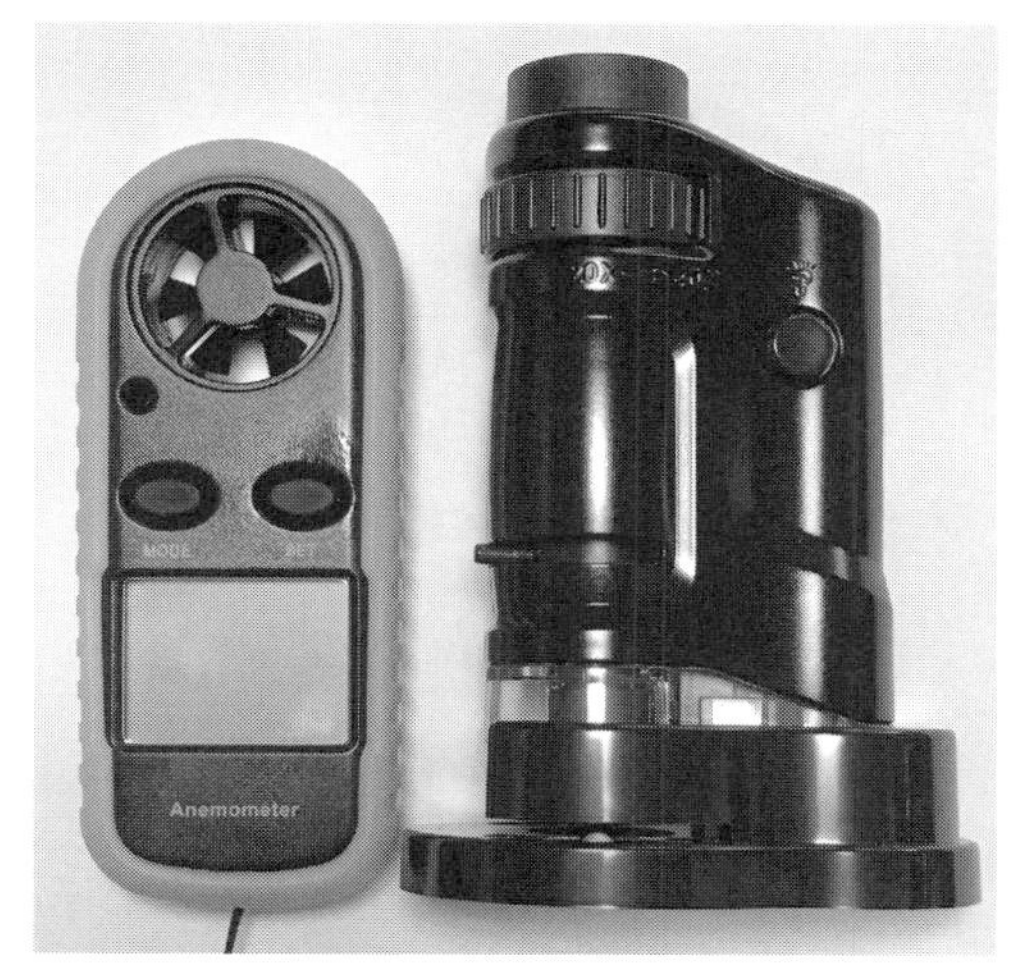

図118　安価な風速計（左）と顕微鏡（右）

表7　ブドウのおもな病害虫の特徴と防除のポイント

病害虫	特徴と防除のポイント
べと病	葉，枝，花穂，果実などにつくおそろしい病気で，ひどいと新梢が腐ってしまう。葉につくと雪が降ったように白くなってひろがる。うどんこ病とまちがえやすいが，白い表面が浮き上がっているので区別できる。みつけたら，ただちに防除する（図119）
黒とう病	結果母枝や巻きひげなどで越冬し，雨にあうと発生する。葉でも果実でも，黒い点となってよく判断できる。葉は縮まり茎は生長を止め，果実は売りものにならない。露地では，せん定のとき巻きひげを残さないようにする。発芽前の防除が大切である
晩腐（ばんぷ）病	おもに果実に発生し，果皮の色が茶色がかり，最後には果粒が腐って売り物にならない。果梗で越冬するので，収穫時に果梗を元からとるようにする。もし残っていたら，せん定のときに元まで切りもどす。袋や傘かけは，開花後早くかけるほど効果は高い
灰色かび病	展葉5〜6枚ころから開花期までの，組織が若くて柔らかい時期に発生が多い。不定形の病斑をつくり，しばらくするとカビが生え，その部分が枯死する。葉身は縁に出やすく，葉柄に出ると落葉することもある。花穂も弱く，発生が多いと脱落してしまう 露地栽培では，生育初期に，雨が降るようなときに草刈りすると，刈り草に灰色かび病が発生し，ブドウに移ることがある。したがって，草刈りは天候のよいときに行なうようにする。生育初期に出やすいので，早めに防除する
うどんこ病	果粒肥大第Ⅰ期に発生が多く，葉でも果粒でも表面にうどんをまぶしたような症状になる。果実に発生すると，症状が軽くても果面にさび状の斑点が残り，商品価値を著しく損なうので，結実したら早めに防除する
チャノキイロアザミウマ	柔らかい葉や茎および果粒や果梗を食害し，食害の跡がカルスになって褐色や黒褐色になるのでわかる。果実に多発すると果面が汚らしくなり，著しく商品価値を低下させるので，結実直後ごろには防除しておく
カンザワハダニ	おもに葉の裏に寄生して樹液を吸う。そのため，寄生虫数が多くなると葉が黄変し，ひどいときには落葉する。ダニも世代が短く発生回数が多いので，ときどき虫眼鏡や顕微鏡でみるくせをつけたい。被害葉をみつけしだい防除する
フタテンヒメヨコバイ	庭木などで成虫が越冬し，ブドウが生育するのを待って飛んでくるようだ。葉の裏側に寄生して樹液を吸う。被害の大きい葉は白くなり光合成機能が失われてしまうので，貯蔵養分を蓄える力を衰えさせる。防除は葉裏を重点にする
チャノコカクモンハマキ	外から侵入してくるものがほとんどである。葉をつづることもあるが，最も用心しなければならないのは果実への加害だ。花房のなかにもぐり込んで果粒を食害するので，観察を強めて，みつけしだい防除するが，第1世代が発生する開花前防除が大切である
ブドウスカシバと ブドウトラカミキリ	ブドウの重要な害虫で，枝のなかで越冬するので，せん定後樹体に残っていると発生源になる（図120）。露地なら6月にスカシバ，10月にブドウトラカミキリの防除を必ず行なっておく。いずれもかなり大きいので，ハウスなら4㎜のラッセル編みのネットで覆えば防除の必要はない

ブドウに出やすい病害虫

ブドウのおもな病害虫の特徴は表7参照。

●露地栽培に出やすい病害虫

・病気

露地では、べと病、黒とう病、晩腐（ばんぷ）病、褐斑（かっぱん）病、さび病などが多い傾向にある。これらの病害は、雨が多いときに出やすい。

べと病は、雨でとくに出やすいため、露地栽培の大敵であるが、アメリカ系ブドウは強い。とくに、欧州系ブドウが多いワイン用品種では気をつけよう（図119）。

黒とう病は、生育初期に葉、茎、果実に黒い点になって出るので判断しやすいが、休眠期防除に心がける。

晩腐病は果実が腐敗する病気で、袋がけの効果は高い。褐斑病は石灰硫黄合剤の効果が高い。さび病は収穫後に出やすく、ボルドー液の効果が高い。

病害防除のコツは予防にあり、例年の発生を考慮して早めに予防するのがよい。

・害虫

ブドウスカシバ（図120）、ブドウトラカミキリ、チャノコカクモンハマキムシ、カイガラムシ、コガネムシ類、ヤガ類、蜂などの発生による被害が多い。

ブドウスカシバは6月ごろ、ブドウトラカミキリは10月ごろに発生し、いずれも新梢の茎を加害する。せん定後も残っていて、主枝や亜主枝が被害を受けると、新梢を伸ばせないため樹冠の拡大が遅れるので、とくに若木のうちは注意したい。

●ハウス栽培に出やすい病害虫

・病気

ハウスにすると、雨で出やすい病害はほとんど出なくなる。しかし、部分被覆栽培や換気のため谷間のビニルを開けると、べと病は出やすくなる。欧州系品種はハウスでつくられることが多いので、とくに注意したい。

黒とう病は出ないが、晩腐病は出る。また、雨がはいるような構造のハウスだと、梅雨期はむしろハウス内の湿度が高くなり、灰色かび病が発生しやすくなるので、気をつける。

乾燥するときには、うどんこ病が発生しやすくなる。果実に発生するとさび果になり、商品価値が落ちるので注意したい。

・害虫

ハウスでは、窓、サイドあるいは谷間換気のところに4㎜目くらいのネットを張れば、それより大きいスカシバ、ブドウトラカミキリ、ハマキ、コガネムシ類、ヤガ、蜂などは鳥と同時に防ぐことができる。

図119　べと病

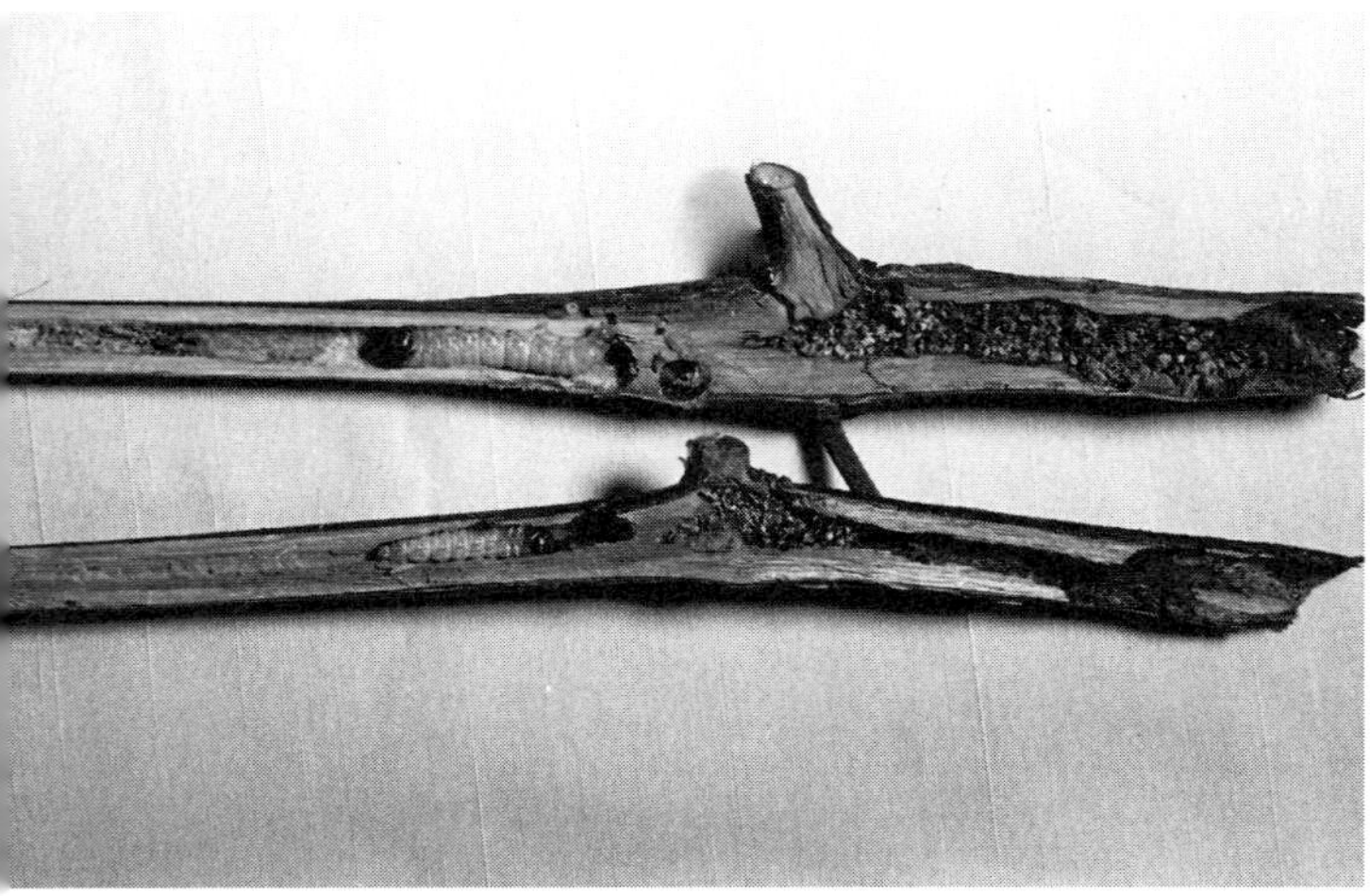

図120　ブドウスカシバの幼虫と被害枝

したがって、ハウス内で越冬や産卵をさせなければ防除の必要はないので、安全性の点からもネットを利用した防除は必ず行なうべきである。

問題は、ネットで防げないダニやスリップスなどの微小害虫である。これらの害虫は、雨や風などで死にやすく露地ではあまり問題にならないが、雨や風が防がれるハウスでは重要な害虫になる。

露地では見当たらなかった、サビダニのようなルーペでもみえない小さな害虫が大きな被害をもたらすので、防除には最善をつくそう。

（農薬の上手な選び方・使い方）

●ハウスに多い灰色かび病の耐性菌 —ローテーション防除を心がける

ブドウの灰色かび病の防除薬剤に対する抵抗性の菌がみつかって問題になっている。とくに、ハウス内が多湿になりやすい作型では、灰色かび病が出やすいので、どうしても散布回数が多くなる。そのため、耐性菌の発生はハウスに多いようである。

したがって、灰色かび病の防除には同じ系統の農薬を連用せず、作用性のちがう薬剤をローテーション使用するように心がける（表8）。

●忘れず葉の表にも散布する

作物に浸透して病害虫を殺す浸透性の農薬は、人体に悪いとして規制が厳しくなっているので、非浸透性の農薬を使うことが一般的になっている。

ブドウの農薬の散布は棚下から行なうので、葉裏にはかかりやすいが、葉表にかかりにくい。そのため、非浸透性の農薬では防除効果が劣るので、ときどき棚上にノズルを出して、葉表にもかかるようにしたい。

●展着剤の使い方

最近の農薬散布には展着剤を使わなくなった。一般的にはそれでもよいであろうが、品種によっては微小害虫の防除には必要である。葉の裏に毛耳のある品種が多いので、サビダニやスリップスを防除するときがそれである。

微小害虫は毛耳のなかに生息する場合が多いので、展着剤を使わないと農薬が毛耳のなかまで浸透せず、害虫にかからない。そのうえ、展着剤を使わないと毛耳のなかに気泡が残るので、害虫はその気泡によって呼吸できるため生きのびることができる。

●剤型によって溶かし方がちがう

農薬には水和剤、乳剤、フロアブル剤など多くの種類がある。

乳剤だと水に直接流し込んで混ぜればよいが、水和剤では小さなかたまりのままで溶けにくいものがある。あらかじめ少量の水で十分練ってから溶かすとよい。

また、フロアブル剤は、すみやかに水に溶けるので、使用量の水の表面に振りまくだけで溶かすことができる。

このように、剤型によってさまざまなので、農薬を水に溶かすときは必ず説明書をよく読んで、まちがいのないようにしよう。

表８　灰色かび病に効く農薬（安田）

系統名	農薬の種類	農薬の名称	備考
ベンジルカーバメート系	ピリベンカルブ水和剤	ファンタジスタ顆粒水和剤	予防効果＋病斑進展阻止効果
ボスカリドアニリド系	ペンチオピラド水和剤	アフェットフロアブル	治療剤
ＥＢＩ剤	テブコナゾール水和剤	オンリーワンフロアブル	治療剤
アニリノピリジン系	メパニピリム水和剤	フルピカフロアブル	治療剤
アニリノピリジン系・フェニルピロー系	シプロジニル・フルジオキソニル水和剤	スイッチ顆粒水和剤	予防効果＋治療剤（２剤で耐性菌が出にくい）

●フロアブル剤は果面の汚れが目立ちにくい

農薬には食品の安全のために、使用基準が決められている。ブドウは、皮をむかないで食べるのでいっそうきびしい。しかし、かりに基準に合致していても、果粒の表面に農薬の跡が残るようなことがあると、商品としての価値は著しく下がる。

いちばんよいのは袋をかけることであるが、デラウェアのように果房数が多いと労力的にも経済的にもマイナスである。

袋がけしないで、果粒が大きくなってから散布するときはフロアブル剤がよい。フロアブル剤は、粒子が小さいので果面の汚れが目立ちにくい。

●失敗しやすい混用と倍率の判断

農薬は効かなければ意味がないが、薬害を出したのでは逆効果である。

農薬は単用で使うことを前提に登録されているので、単用で使用すれば薬害の心配は少ないと考えてよい。

しかし、病気も害虫も一度に防ごうとして、2種類の農薬を混合して散布されることも多い。2種類はまだよいとしても、3種類も混合する場合がある。混合する農薬が多いほど薬害の出るおそれが高いので、混用の適否を十分に確認してから用いる。

また、なれっこになってうっかりすると、倍率をまちがえてひどい薬害を出すことがある。倍率表などをつくって壁にかけておき、まちがいのないように心がけたい。

活用したい石灰硫黄合剤とボルドー液

●石灰硫黄合剤とボルドー液の利点

このごろの農薬は病気が出てからかけてもよく効く。そのかわり、雨ですぐに洗い流される。それにくらべて石灰硫黄合剤や石灰ボルドー液は付着力が強く、なかなか流されない。したがって、ていねいに散布すると長持ちするので、散布の回数を減らすことができる。

露地栽培のデラウェアなら、ボルドー液を袋がけ後に10a当たり400ℓくらいをていねいに散布しておけば、収穫期まで病気の予防は必要ないくらいである。

石灰硫黄合剤は褐斑病やサビダニなどに効果があるといわれているが、まだ効果が実証されていない病害虫にも効いていると考えている。

●品種と時期を検討して使う

以前は、ボルドー液は自分で硫酸銅と生石灰を混合してつくったが、現在はＩＣボルドーなどの商品が主流になって、溶かすだけで使えるようになった。

ただ、品種や使用時期によって、濃度や硫酸銅と生石灰との比率がちがうので、よく調べて使う必要がある。

一般的には、アメリカブドウは銅に弱く、ヨーロッパブドウは石灰に弱い。また、生育初期は濃度が濃いと薬害のおそれがあるので、品種と使用時期をよく検討して使うようにする。

獣害対策

ハウスの周囲に高さ50cmのフィルムを張り巡らしておくと、イノシシは侵入しにくいようだ。ミミズなどの食べ物が多いからか、イノシシは有機物を多く施したところへ出やすい。ただし、イノシシは土を掘り起こすだけで、ブドウの果実を害することはないから、そんなにムキにならなくてもよい。

問題はタヌキやテンなどである。ブドウ樹に登って、人間と同じように食べるのでこまる。園の周囲に電気牧柵を設置して防ぐのがよい。

施設栽培

なぜハウス栽培か―ハウスの生産力は高い

ブドウのハウス栽培の歴史は古い―歴史は130年以上

わが国のブドウのハウス栽培は、1886年に岡山県の山内善男氏が、マスカット・オブ・アレキサンドリアをガラスハウスでつくり成功させたのが始まりとされている。1箱がコメ1俵（60kg）と取引されたという。

マスカット・オブ・アレキサンドリアは欧州系ブドウの代表的な品種で、わが国でつくるには、原産地の高温・乾燥の条件をわが国でつくるには、ガラスハウスによるしかなかったのだろう（図121）。明治の時代に、このような決断をした人がいたとは驚きである。

図121　岡山市冨吉のマスカット・オブ・アレキサンドリアのガラスハウス

科学や経済がはるかに進歩した現在では、ハウス栽培はめずらしくはない。そのよさをよく考えて取り組みたいものだ。

雨と風を防いで栽培を安定化

●雨による病害や裂果を防ぐ

現在のわが国のブドウは、欧州系ブドウの血が半分以上はいっているものが多く、欧州系に近い性質をしており、雨で病害にかかりやすく裂果もおきやすい。

雨を防ぐとこれらの被害が劇的に減るので、生産量の変動は小さく、反収も上げやすい。したがって、雨量の多い地方ではハウスによる雨よけをすすめたい。

●完全防風で安定生産―風は光合成を阻害する

もう一つ重要なのは、完全防風施設だということである。風害は、季節風や台風による強風害についてはよく知られている。しかし、風速3m/s（秒速）程度の風が、光合成を阻害することについてはあまり知られていない。

風は、弱いときは光合成の最も重要な材料である炭酸ガスを、葉の裏にある気孔に送り込んでくれるので、光合成を促進する。ところが、風速が2m/sを超えるようになると、ブドウの葉は乾燥しないよう気孔を閉じはじめる。そのため、葉は炭酸ガスを取り入れにくくなり、光合成が阻害される。

風速が速くなるにしたがって光合成は少なくなり、3m/sを超えると3割くらいに減り、10m/sにもなればほとんどゼロになる。

日本海側のブドウ産地はほとんど砂丘地でつ

くられており、ほぼ100％ハウス栽培である。この地方は春先から初夏にかけて、強い季節風が吹く。これが、ブドウの栽培を妨害し、ごくわずかしか栽培されていなかった。

それが、ビニルによるハウスがつくられることによって、風を完全に防ぐことができて生産が安定し、1960年代後半から急速にハウス化がすすみ産地化された。まさに雨よけではなく風よけハウスといえよう（図122）。

図 122　風よけハウスの典型である島根県出雲市のブドウハウス群

光エネルギーは2～3割減

●フィルムの光透過率は90％以上

農業用の被覆フィルムには、濃ビ、農ポリ、PO、フッ素系樹脂フィルムなどがある。現在使用されているのはPOフィルムがほとんどである。

これらの光透過率はガラスと同じくらいで、90％程度である。ところが、フッ素系樹脂フィルムは、厚さが薄くて光の透過率97・8％と高く、耐久性もガラスより長く汚れにくい。

●部材の庇陰率は20％前後

光の透過率よりもっと重要なのは、ハウスに使われるパイプやビニペット、その他の部材が影をつくることである。それによる光の減少率（庇陰率）は20％程度と高い。

すなわち、ハウスでつくるブドウは、光については露地より、少なくとも30％程度少なくなるということである。

したがって、光エネルギーだけで判断すれば、ハウスの光合成生産（物質生産）力は露地より低いことになる。だが、光合成生産は光エネルギーのみで決まるわけではない。

光合成時間や期間が長く生産性が高まる

●光合成適温が延長できる

光合成生産は温度が高くなるにしたがって多くなり、ブドウでは30℃前後が最高になるが、炭酸ガス濃度が高いと35℃に高まる。しかし、それより高温になると光合成生産は減少する（図123）。

露地では温度をかえることはできないが、ハウスは、とくに朝方と夕方に保温するので、光合成適温の時間が長くなる。また、春先の気温の低い時期や秋に気温が低下する時期も、保温することによって光合成生産を高めている。

これによって、ハウスの物質生産は多くなり、パイプなどの資材による庇陰やフィルムによる透過率低下という不利な条件を補っているので

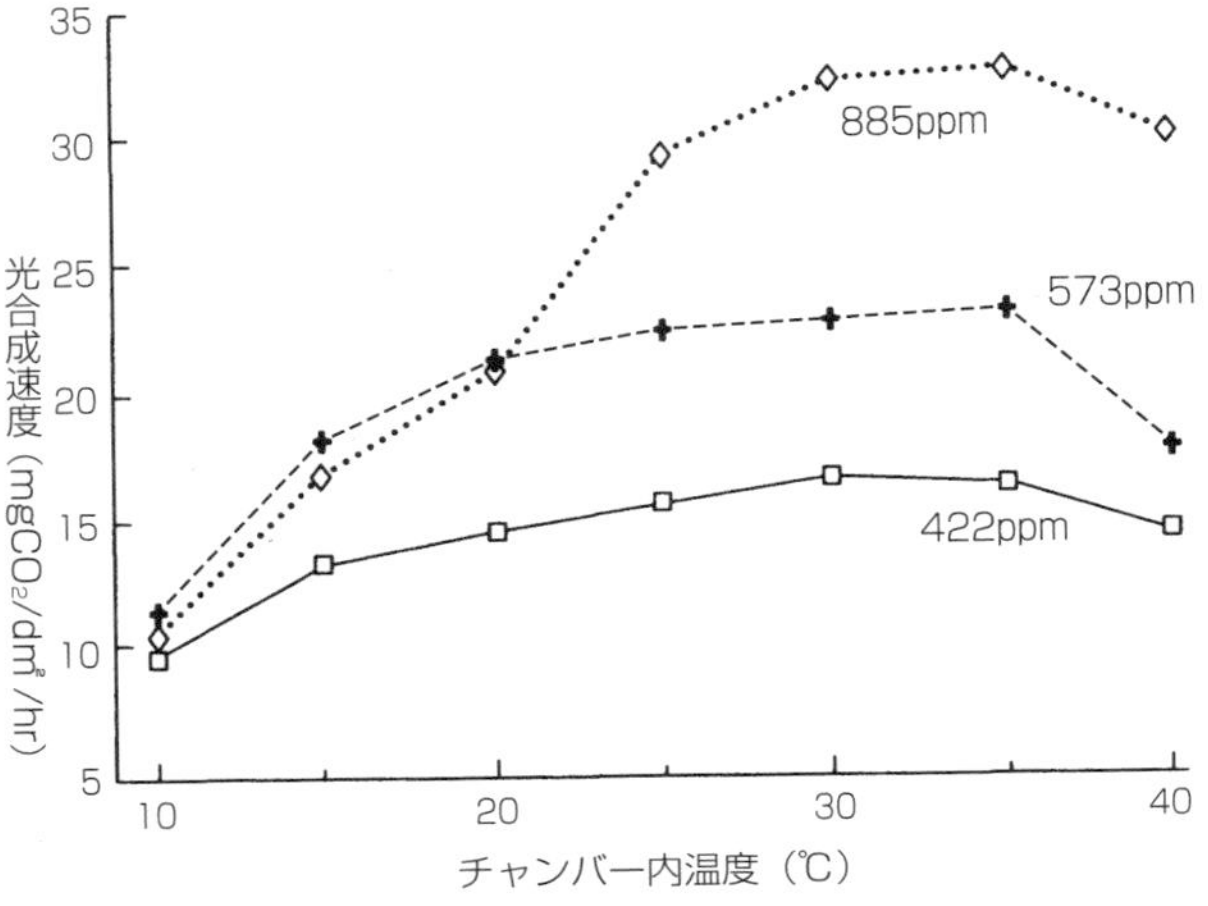

光合成速度（$mgCO_2/dm^2/hr$）
885ppm
573ppm
422ppm
チャンバー内温度（℃）

図 123　温度，炭酸ガス濃度と光合成速度（山本ら，1989）

ある。

●果実への分配を増やし増収できる

雨がはいらないため、水管理が容易になった。灌漑水に肥料養分を混ぜれば、灌水と同時に施肥もできる。すなわち、ブドウの生育を思いどおりに調節することができるようになった。

そのため、以前のようにブドウ園を全面に深耕する必要はなく、根域を制限することによって不要な根を伸ばさなくてもよくなった。それだけ根への物質分配が少なくなるので、果実への分配が増え、増収しやすい。

ハウスの構造と付帯設備

（屋根型ハウス）

●ブドウのハウスは屋根型がベター

ハウスの屋根の材料がガラスだけの時代は、屋根型ハウスが最も多い。それは、構造がシンプルで災害に強く、材料が少なくてすみ、メンテナンスが簡単だからである（図124）。

戦後開発された塩化ビニルや農ポリは柔らかくて、平屋根に使うと雨水の袋ができ、風で破損しやすかった。そのため、バンドでたるまないようにできるアーチ型が開発されたのである。

しかし、現在のPOフィルムやエフクリーンは伸びに強く、屋根型ハウスに張ってもたるまない。したがって、前述した利点を考慮すると、事情が許せばブドウのハウスは屋根型にすべきである。

●屋根型ハウスの構造例

風と雪に強い構造でありながら、安上がりにできることを考えて、1978年に島根県農業試験場で設計したハウスについて述べてみたい（図125、126）。

部材で値が張るのはパイプなので、強度を決める柱、合掌、母屋、縦通し、横通し、筋交いなどは、大量に生産される工事用の足場パイプを利用した。

外径は48㎜、肉厚2.4㎜で、メッキはドブ漬けである。大まかな構造は、棟高5.5m、軒高2.5mで、間口は定尺6mのパイプなら20mとし、奥行きは自由にできる。

なお、積雪が50㎝以下の地帯なら、合掌に6mのパイプを2本つないで使うと、間口は約23mになる。そのほうが安上がりなので、そういうやり方もできる。

図124　屋根型ハウス
積もった雪が滑り落ちる

柱は片屋根側に2本入れる。間隔は、間口が20mなら3・33m、23mなら3・83mになる。妻側からみると、柱は7本になる。

奥行きの柱間隔は、多雪地帯なら3mにすると1m程度の積雪に耐えるが、サイドに38㎜パイプを主柱の中間にいれておくと安全である（つまり1.5m間隔になる。この柱は図126にはない）。なお、雪の心配のない地帯なら3.5mでよい。

ハウス内温度がマイナスで低くなると、雪が滑り落ちにくくなるので、大雪のときは室温を上

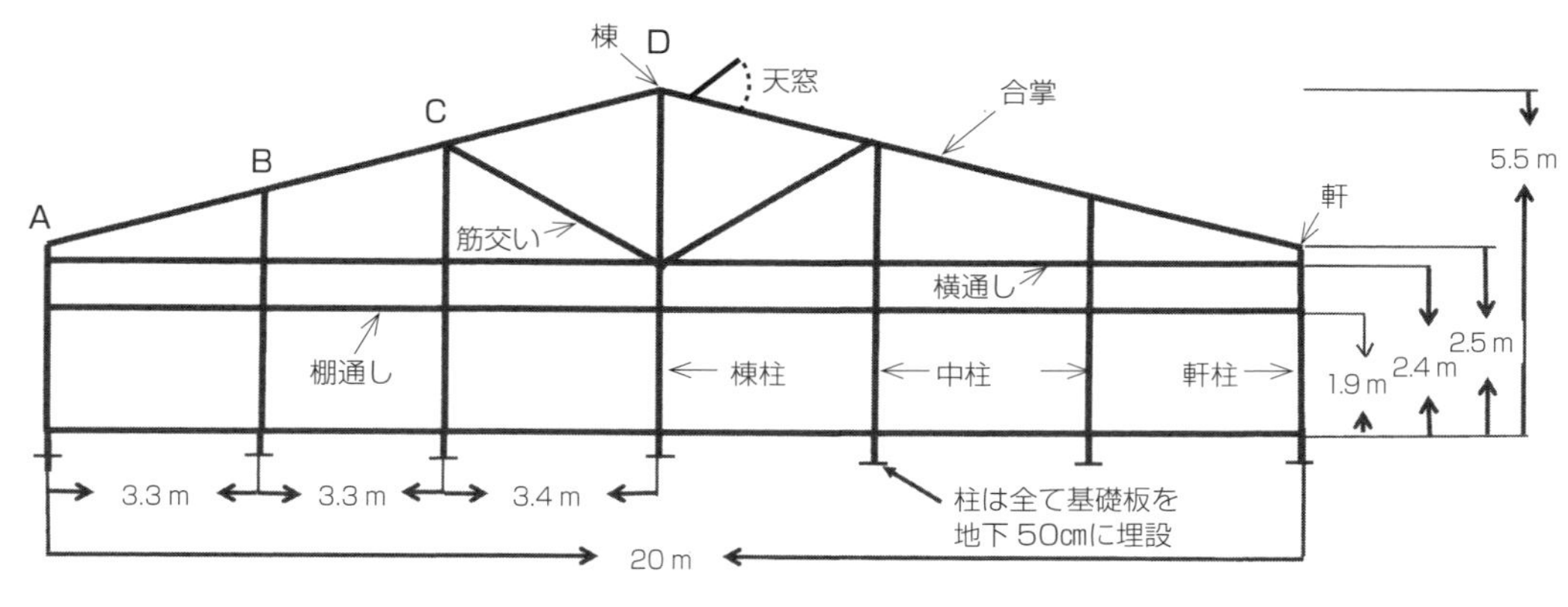

図125　両屋根型単棟ハウス正面図

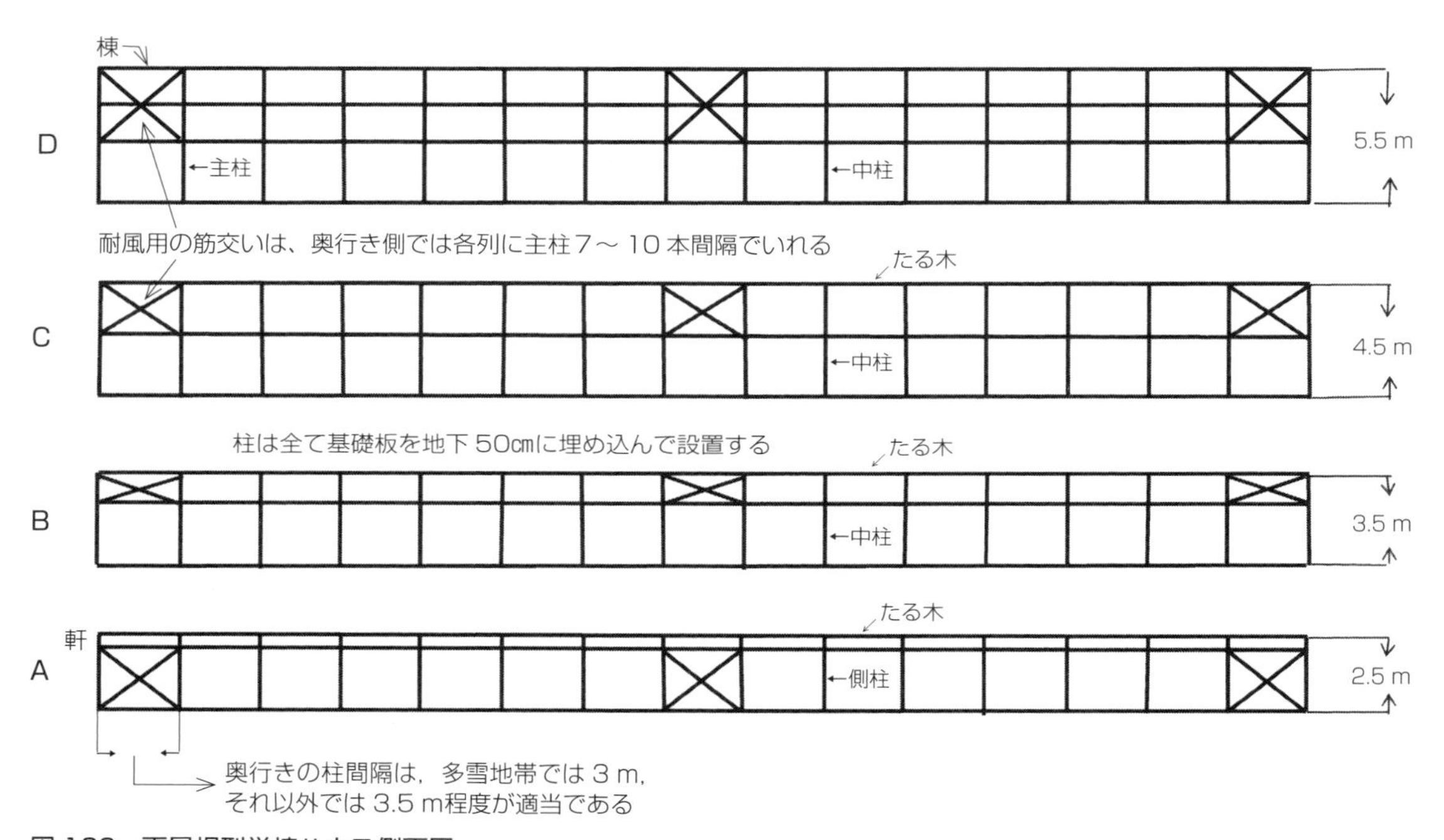

図126　両屋根型単棟ハウス側面図
A〜Dは図125のA〜Dに対応した側面
本文にある，積雪対策のため主柱の中間にいれる38mmのパイプは省略

げてずり落とす。

以上は一例なので、縦横の柱間隔は、建設場所の最大の風速、雨量、積雪などの条件を考慮して設計するのがよい。

●棚線は周囲パイプに直接張る

棚線は内側に取り付けた48mmの周囲パイプに直接張る。横線は20mくらいだから、人の手で引っ張りながら止めていけばよい。

しかし縦線は長いものでは100mを超えることもあるので、軽く張線器で締めるほうがよい。そのときは、パイプが内側に曲がらないように筋交いをいれて補強しなければならない（図127）。

●被覆資材の選択と止め方

POフィルムは長持ちするとはいえ、数年で張り替える必要がある。したがって、簡単に取り外しができるようビニペットを使って、スプリングで固定するのがよい。また、多少の伸縮性があるので、ピンと張るにはたる木は50cm間隔で、1本おきにビニペットを入れる。そして、スプリングでフィルムを固定すると、雨や雪によるゆるみはほとんどなく風にも飛ばされない。もし、予算が許せばフッ素系樹脂フィルムのエフクリーンを使用するとよい。厚さは0.1㎜より薄いが光線透過力がよく汚れにくいうえ、最長25年以上張り替えなくてもよい。ガラスより長持ちするほど優れたフィルムだ。伸縮性は低いものの、風でばたつくと破れるおそれがあるので、たる木は50㎝間隔としアルミの押さえでビス止めする。できれば軒から上の妻にも張りたい。

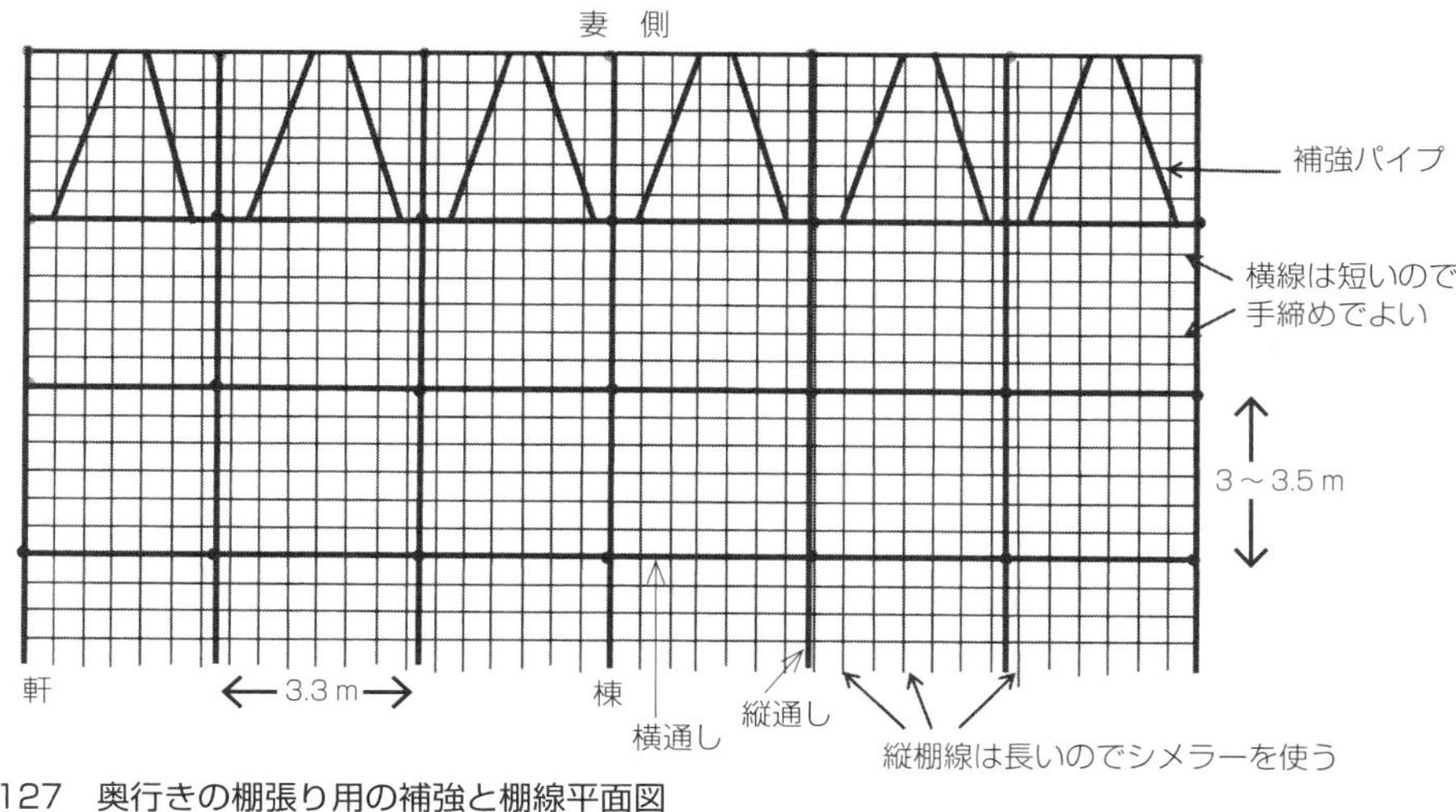

図127　奥行きの棚張り用の補強と棚線平面図

●屋根型は換気効率が高い
—天井と妻には換気窓を

屋根型は換気効率がよいことが最大の特徴といってよい。アーチ型では換気窓が谷間近くと低く、夏の高温のため昼前後は仕事を休まなければならないので、作業時間が早朝か夕方になることが多い。

屋根型は棟（天井）に幅1ｍの換気窓を設置することができるので、煙突効果により換気効率は高く、棚下の気温は野外より低く、真夏の日中でも仕事ができるので、作業効率は高い。

妻にもなるべく高い場所に換気窓をつけると、換気扇にくらべはるかに効率よく換気できる。天井、妻ともにサイドの換気も自動化すれば、高温障害の心配もなくなり、ほかの作業に時間をまわすこともできて効率的である。

ハウスの保温は、燃費がかかるとはいえ経済的に成り立つが、冷房しようとすれば驚くほどのランニングコストがかかる。これからのハウスは、保温より換気効率を上げることのほうが望まれる。

●単棟か連棟か

雪が降らない地方なら、連棟にしてもよいが、換気効率を考慮するなら、棟の高さを4ｍ以上にしたい。

間口20ｍの単棟なら、奥行きが50ｍで10ａになる。したがって、作業上は単棟を多くつくるほうが、作型をかえたり、ちがう品種をつくるときなどは便利である。ただし、土地の利用率は下がるので、かぎられた土地を有効に使うときには不利である。

部材が大きく重いので建設は数人で行ない、水平面を決めることができる人を仲間にいれるとよいハウスができるだろう。

●沈み込みと浮き上がりに耐える基礎づくり
—腐食止めのコールタールを忘れない

強風による害のおもなものは、押しつぶされることより、浮き上がりによるほうがはるかに多い。それは、屋根の風下側が負圧になり、飛行機が飛ぶのと同じ原理で、持ち上がるためである（図128）。

沈み込みは積雪によるものがほとんどで、パイプを土に差し込んだだけでは防げない。沈み

図 129　ハウス柱のコールタール塗布

図 128　強風害によるハウスの浮き上がり

込みにも風速30mの浮き上がりにも耐えるように、基礎を十分なものにしたい。

最も簡単なのは厚さが2～3㎜で20㎝四方の鉄板を、柱の下に溶接するか、それに似た部材をつけて地下50㎝に埋める。ボイドを利用する方法もあるが、これも地下に埋め込むほうがよい。これをしっかりやっておけば、アンカーで浮き上がりを防ぐ必要はない。

そのとき注意したいのは、基礎鉄板の真ん中に穴を開け、柱パイプのなかに結露水がたまらないよう処置しておく。そうしないと、結露水によってパイプがなかから腐食するおそれがある。

また、地面の上20㎝くらいまでコールタールを塗っておく。そうしないと、パイプの地ぎわが必ず腐食するからだ。このことは、地中に差し込む全てのパイプにいえることで、差し込む部分を地面の上までコールタールに浸けるか塗って、乾かしてから差し込むとはるかに長持ちする（図129）。

●強風地帯では筋交いをいれる

日本海側の季節風や台風などの強風に対しては、48㎜のパイプで筋交いをいれておく。

妻側からの風に対しては、縦通しパイプに筋交いをいれる。サイドは棚下にいれるが、そのほかは作業のじゃまにならないよう棚上にいれる。いれる数は台風対策を考えると、縦通し方行の各所に、奥行き50mなら6カ所いれる。

横からの風に対しては、棟パイプと次の中パイプのあいだにV字型にいれるが、全ての柱にいれておく必要がある。

（アーチ型ハウス）

●アーチ型が最も普及している

現在の農業用ハウスは、ハウスロープでフィルムを固定できるアーチ型連棟が多い。アーチ型は歴史が長いので建設できる人や業者が多く、建設費用も少ないので比較的つくるのが容易である。

部材が軽いので、足場パイプを使う大型の屋根型にくらべ、らくにつくることができる。しかし、棟が低いのに天井部分に換気窓をつくることができないので、谷間につくらざるをえない。そのため換気効率は悪く、棚下はブドウの葉の日陰で涼しくても、棚上に熱い空気がたまりやすく、高温になりやすいのが欠点である。

●アーチ型連棟ハウスの構造例

風当たりが少なく、積雪があまりないような地帯では、間口は3.6～4mで主柱間隔は3mが普通である。部材も主柱や縦横通しなどは外径32㎜、肉厚1.6㎜または1.2㎜を使う。

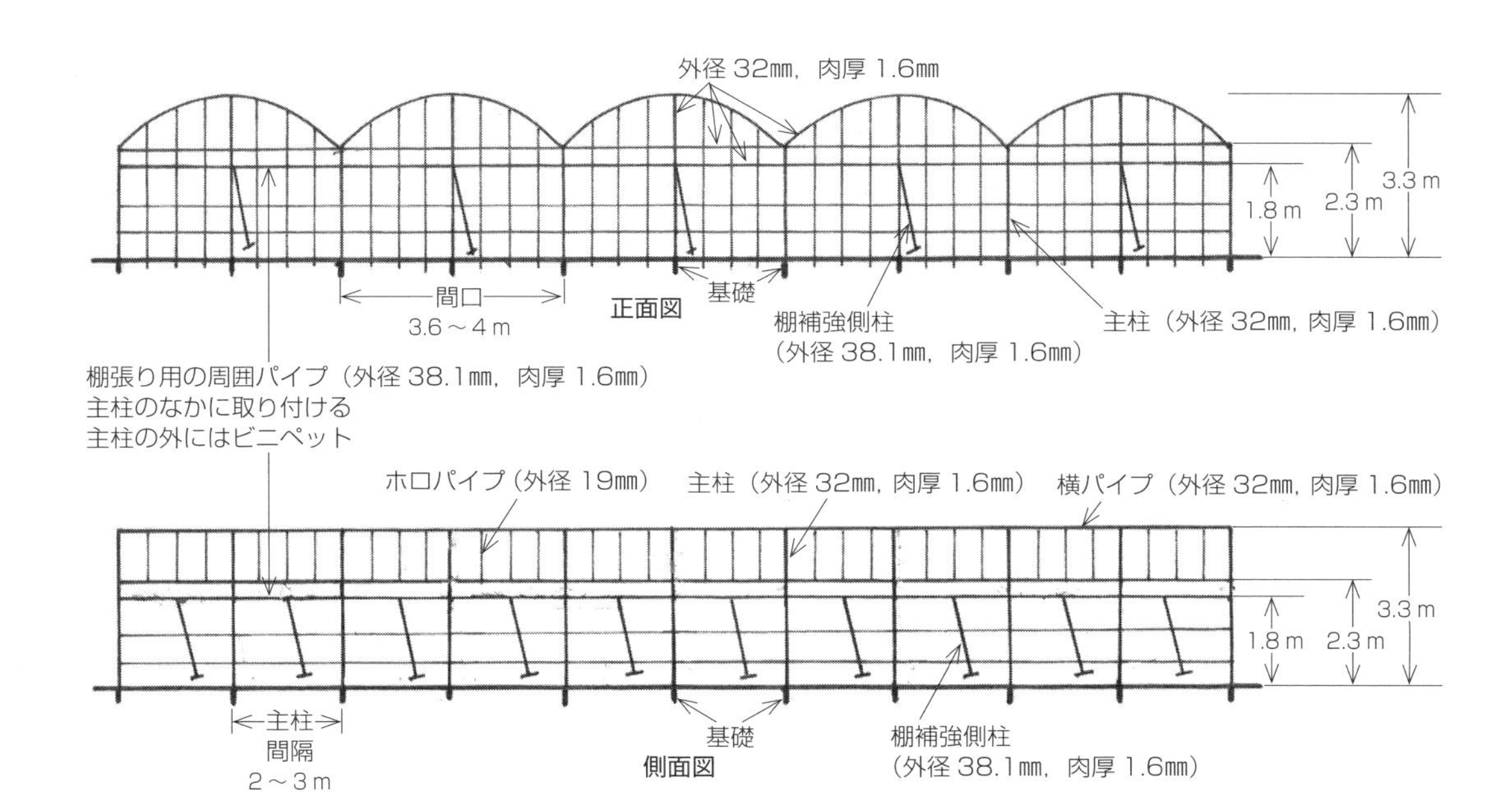

図 130　アーチ型連棟ハウスの正面図と側面図

ここでは、冬から春にかけて30ｍ／s級の季節風が吹き、積雪が最大で50㎝くらいある島根県出雲地方の例を紹介する（図130）。このごろでは、冬季でもPOフィルムを張りっぱなしにするため、それなりの強化ハウスにしている。妻の棟部分にパイプをいれて強化し、奥行きの柱間隔は2～3ｍにしている。余裕をみて間口を3.6ｍと狭くすることもある。

主柱や縦横通しなどのおもなパイプは、外径32㎜、肉厚1.6㎜を使い、屋根部分はアーチになるよう曲げてつくる。天井部分が半円形だから、同じ面積を覆うのにパイプや被覆資材は少し多くかかる。

フィルムはサイドを含めハウスロープで、妻はパッカーなどで止めるので比較的簡単である。ハウスブドウ産地なら、共同して自作できるので、安上がりにできる。

棚上に筋交いがいれられないので、横風に弱い。そのため、棚の強化と合わせ側主柱のあいだに斜めの側柱をいれ、さらに主柱のあいだには縦通しと横通しパイプを入れて、側枝柱が内側に曲がるのを防いでいる。

●棚線の上手な張り方

すでに棚があるときは、包むようにハウスをつくればよいが、最初から棚とハウスをつくるときは、果樹棚兼用にするのがよい。ポイントはハウスの外側周囲の主柱内側に、棚線を張るパイプを高さ1.8ｍに張りめぐらす、周囲主柱のあいだに、ブドウ棚と同じように側枝柱をいれておくことである。パイプは外径38㎜、肉厚1.6㎜のものを使う。側枝柱も同じパイプを使う。

棚線は周囲に巡らした38㎜の太いパイプに張るが、縦横通しパイプの上を通し、ブドウ樹の重さを支える。

また、棚にかかるブドウの自重による沈み込みと、風による浮き上がりを防ぐため、柱の基礎をしっかりしたものにする必要がある。ブロックなら大きいもの使い、地下40㎝くらいに埋め込む。こうするとあおり止めのアンカーはいらない。

基礎がしっかりしていない場合には、主柱4本に1本の割合で、アンカーを打ち、浮き上がりを防ぐ必要がある。

●大型のアーチ型ハウス
―機能的には屋根型に劣る

間口が5ｍとか6ｍの、大型のアーチ型ハウスがみられるようになった。パイプは38㎜や42㎜を基本部材として使い、風にも雪にもかなり耐えられるようになっている。背が高く谷間も3mくらいあり、谷間換気が自動でできる。

4m間口のアーチ型ハウスにくらべれば、人にやさしいハウスといえる。しかし、建設費は屋根型ハウスとほぼ同じであるが、ハウスの機能としてはどうしても屋根型に劣る。とくに換気については、屋根型に勝るものはない。

その他のハウスの特徴

●波形ハウス―換気に手間どるが傾斜地では問題ない

風当たりの弱い地域で多く、屋根型連棟を思わせる形をしており、天井パイプと谷間パイプでフィルムを張る方法で、費用は比較的少なくてすみ、つくるのもやさしい（図131）。

被覆の開け閉めが少々困難で、換気に手間どるのが難点であろう。ただし、傾斜地では暖気が上方へ流れるので、あまり問題にはならないだろう。

●部分被覆―安上がりだが風に弱い

既設園のブドウ棚に針金か細いパイプで、アーチ型の屋根を部分的につくる方法で、園の1／2から1／3は被覆がない。ハウスとしては、最も簡単で安上がりである。被覆が部分的でサイドも開いたままなので、換気する心配はないが、生育は露地とほとんど同じである。

短梢せん定の主枝を保護する構造になっており、果実には雨がかからないので、ジベレリン（GA）処理など果実への作業がやりやすく、果実の病害や裂果も減る。しかし、被覆のないところに病気が出やすいので、注意が必要である。

また、風に弱いので、風の弱い瀬戸内海地方や窪地などでよくみかける。季節風の強い日本海側や台風がよくくる地域などにはすすめられない（図132）。

ハウスの向きはどちらがいいのか

●無加温や雨よけなら南北棟

ハウスをつくるときに考えなければならないのは、棟の方行である。ブドウの生育を均一にするためには、光がハウス内に平均的に当たるほうがよい。

光は、被覆資材に対して直角に当たる場合は90％程度が透るが、被覆資材との角度が狭くなるにしたがって光が反射して透りにくくなる。

光の透過率からみると、南北棟は冬季に50％程度で少なく、4月から高くなり70％程度で推移する。東西棟は、冬季は70％で高いが、4月以後は少なく60％程度で推移する。

図132　一部被覆ハウス（広島県福山市沼隈町）

図131　波形ハウス（岡山県総社市）

したがって、おもに冬季の太陽熱を利用する早い作型は東西棟がよく、4月ごろ以降に太陽熱を必要とする遅い作型では、南北棟がよいといえるかもしれない。しかし、実用的には、あまり気にしないで、地形に合わせてつくればよい。

●傾斜地では上下棟にする

傾斜園では、棟を等高線状に設けると換気効率が著しく悪く、高温障害を受けやすい。棟が傾斜に沿っていると、妻を換気することによって棚上の換気効率が高くなる。

光の透過率を重視するか、あるいは換気効率を重視するかによってちがうが、実際のハウス管理では、温度不足は加温によって比較的容易に補えるが、真夏の温度を下げることは容易ではない。したがって、傾斜地では、よほどの理由がないかぎり傾斜に沿って上下棟にするほうが好ましい。

ハウス内の温度を均一にするために

●暖房機をどこに置くか

暖房機は、平坦な園なら、温度を均一にしやすいハウスの中央に置くのが普通だ。大面積のハウスで2台も3台も必要なときは、暖房機の能力に応じてハウスのなかを区分けして、各々その中央部におけばよい。

しかし、傾斜地では、傾斜の下方に設置しダクトも下のほうで留めておくのがよい。こうすれば、暖かい空気は上昇するのでハウス内の温度を均一化しやすく、ムダに暖気を逃さないため燃費がよくなる。

●ダクトの配置は園の条件や面積で工夫する

平坦な園であれば、暖房機のダクトは温風が均一にゆきわたるように配置する。普通は暖房機を中央部において、大ダクトを左右に配置し、それぞれから数本のダクトを両側に配置する（図133）。ハウスの周囲が低温になりやすいから、サイドをめぐるようにダクトを配置してもよいと考えられる。

傾斜地の園なら、ダクトを下側に多く向けるようにして、傾斜の上ばかり温度が高くなるのを防ぐ必要がある。

このようにしてハウス内の温度を均一にするのだが、ジベレリン（GA）処理をする場合には、生育がそろわないと作業に手間どるので、とくにそろえるように気を使いたい。

とはいえ、20aをこえる大きなハウスでは、生育がそろうとかえって作業が追いつかなくてこまることがある。GA処理や摘粒だけでなく、収穫作業もたいへんである。その場合は、なかに仕切りを設けて区画化し、区画ごとに生育をそろえるやり方がよいであろう。また、傾斜地では、生育が傾斜の上がすすみ、下にいくほど遅れる。そのほうが、作業が分散できてよいという人もいる。

図133　ダクトの配置は均等に

●谷樋で燃費が10％も節約できる

冬季に雪や雨の多い地方の連棟ハウスには、必ず谷樋をつけたい。12月下旬に被覆したアーチ型連棟ハウスで加温した場合、出荷時期が同じになるように管理すると、谷樋をつけたハウスの燃費は10％も節約できる。

谷樋のない連棟ハウスのブドウの根の分布を調べてみると、明らかに谷間部分に多い。ところが冬季の雨水は冷たいので、谷間部分の地温はいつまでたっても上がらず、根が多いという条件を活かすことができない。そのうえ、暖房した熱を奪うことにもなる。

したがって、加温栽培では谷間には必ず樋をつけて密閉度を高め、冷たい雨水をハウス内にいれないことが重要である。こうすると、大雨による裂果を防ぐ効果もあり、一石二鳥である。

ただし、雪の多いところでは、ハウスがつぶれるおそれがあるので、ハウスの強度を高める必要がある。

（付帯設備について）

●暖房機―将来を考えるとLPGやLNGを導入したい

加温栽培を行なうには暖房機が必要で、10a用なら時間当たりの放熱量が7万5000キロカロリーのものが使われる。しかし、真冬に使うには能力がやや不足するので、ひとまわり大きな規格の9万キロカロリー程度のものを使うとよい。

暖房機には重油用、灯油用、LPG（液化石油ガス）用など各種あるが、これまで燃料の単価が安いことから重油用が多く使われてきた。

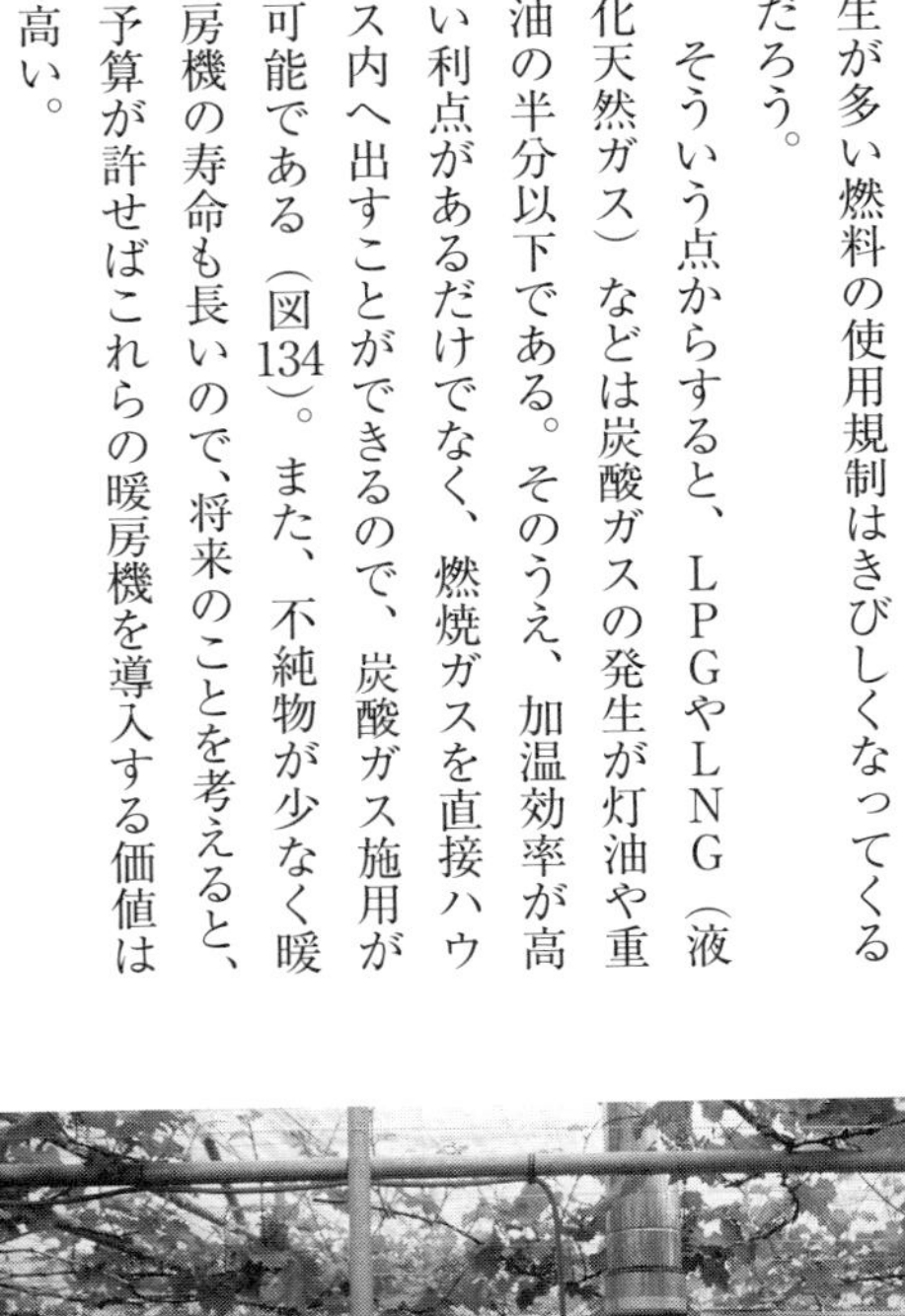

しかし、地球温暖化対策のため、炭酸ガスの発生が多い燃料の使用規制はきびしくなってくるだろう。

そういう点からすると、LPGやLNG（液化天然ガス）などは炭酸ガスの発生が灯油や重油の半分以下である。そのうえ、加温効率が高い利点があるだけでなく、燃焼ガスを直接ハウス内へ出すことができるので、炭酸ガス施用が可能である（図134）。また、不純物が少なく暖房機の寿命も長いので、将来のことを考えると、予算が許せばこれらの暖房機を導入する価値は高い。

●換気装置―無加温や雨よけでは暖房より重要

輸入が自由化された外国産ブドウと競争するためには、燃費がかからない無加温栽培や雨よけ栽培に主体が移るだろう。そうなると暖房より換気が重要になる。

ハウスは、5月にはいれば開けっぱなしにできるが、冬から春先までは天井、谷間、妻、サイドの開け閉めが必要である。ハウス面積が大きいと換気に時間がかかり、間に合わなくて高温障害を受けることさえある。

温度設定すれば自動で開閉できる換気装置があるので、できれば備えつけたい。面積が狭い場合や予算に余裕がないときは、手動の巻上げ器をつけるとよい。

図134　炭酸ガス供給機能を備えたLPG暖房機と炭酸ガスおよび温度調節器

図135　屋根型ハウスの天窓換気は効率がいい

よく妻部に換気扇をつけているのをみるが、思ったほど効果はない。密閉状態のときは効果がみられるが、気温が上がり棚下周囲を開放すると、換気扇の下から外気を吸い込みそのまま外に出してしまうからである。むしろ、大きな換気窓をつけるほうがはるかに効率がよい（図135）。

●灌水装置―できれば点滴灌水を

ハウスは灌水がつきもので、ホース、散水ホース、スプリンクラー、点滴灌水などで行なわれている。それぞれ特徴があるが、水を効率よく供給し、肥料養分を混合できる点滴灌水が最も優れている（図136）。

図136　自動点滴灌水装置

この装置は少々値が張るが、自動でできるので手間がかからない。そのうえ、同時に施肥もできるので根域制限が可能になり、根への物質分配を減らし、収量を上げることができる利点もあるので、できるだけ導入したい。

●保温カーテン―燃費を2割節約できる

加温栽培をする場合、燃料費を節約するため保温効果を高める工夫が必要である。

まず、ハウス内から熱が外に出ないように、サイドのフィルムは二重にする。そして、棚上にはフィルムのカーテンをとりつけて二重にする。そうすることによって、燃費を2割程度節約することができる。

しかし、二層カーテンは光線透過率を低下させるので、夜は閉めて昼間は開けることができるようにしておく必要がある。アーチ型だろうが、屋根型だろうが自動で開け閉めできる装置が開発されているので、自動温度管理装置とともに導入するとよい。

●鳥や害虫にはネットを張る

天窓、妻換気窓、サイドなど、換気するところにはネットをつけよう。目合いが3㎜のネットなら、ブドウスカシバ、ブドウトラカミキリ、ハマキ、コガネムシ、蜂、カメムシなどを防ぐことができる。

同時に、カラスやムクドリなどの害鳥もはいらない。そのうえ、光合成を阻害する強い風も防ぐことができるので、一石二鳥どころか一石三鳥といってよく、ネットは必ず張るようにしよう。

●獣害には電気牧柵

近ごろ、タヌキやイノシシなどの害獣が増え、ゆだんすると思わぬ被害を受ける。フィルムやネットだけでは防ぎきれないので、電気牧柵を設置するとよい。

被覆にエフクリーンを使うと、透明度が高いためかカラスによる被害を受けやすい。そうしたときには、ソーラー電池で機能する電気牧柵を棟に設置すると、ほぼ完全に防ぐことができる。

作型と休眠打破・発芽促進

作型の分類と選択

●ハウス栽培の作型

ハウスブドウの作型の分類は必ずしも決まっていないが、一般には、被覆時期や加温時期のちがいによって分類している。島根県での種なしデラウェアの作型は、休眠状態の12月から加温を始める超早期加温から、露地栽培まで六つの作型に分類されている。これにより、デラウェアの出荷は4月中旬から8月中旬まで4カ月間つづけられるようになった（図137）。

輸入自由化がなかったころ、出荷を早めるほど単価は高く、早出しでずいぶんもうかった。ところが、輸入の自由化により、南半球からは収穫中のブドウが、アメリカからは貯蔵ものが、2月から4月に出回るようになった。

そのため、燃料代のかさばる早出しのメリットは少なくなった。値段を決めるのは結局消費者であり、そのときの懐具合や防かび剤などの農薬に対する気持ち、新鮮さ、競合する果実の量などが消費に影響を与える。

したがって、特定の作型に集中することをさけ、いろいろな作型を組み合わせるほうが、経営上は安全である。

●作業の分散と技術の向上

同じ品種を大面積つくると、短期間にしなければならないGA処理などの作業がたいへんである。しかし、作型を組み合わせることによって、作業が分散され、面積が多くてもこなすことができる。

また、果樹の栽培経験は1年に1回しかできない。ところが、作型を加温、無加温、雨よけ、露地の四つに分けると、同じ栽培を1年で4回経験できる。このことは、ブドウの栽培技術を習得するのにたいへん役に立つ。

作型によって栽培技術の難易があり、一般的には早いほどむずかしい。したがって、技術的な力量と自家労働力の条件や、市場との関係などを総合的に検討して、作型の組み合わせを決めるようにしたい。

●普通加温はつくりやすい

この作型は2月中旬に加温を始めるもので、デラウェアでは6月中旬から、シャインマスカットでは7月中旬から収穫できる。自発休眠が完全にさめてから加温を始めるので、発芽のそろいもよく、開花期の天候もよいため結実も良好で、加温栽培としては最もつくりやすい作型である。

燃料費も比較的少なく、本格的な加温栽培を始める人の入門的な作型といってもよい。しかしデラウェアの収穫期の後半は梅雨にはいり、大雨が降ると裂果するおそれがある。また、シ

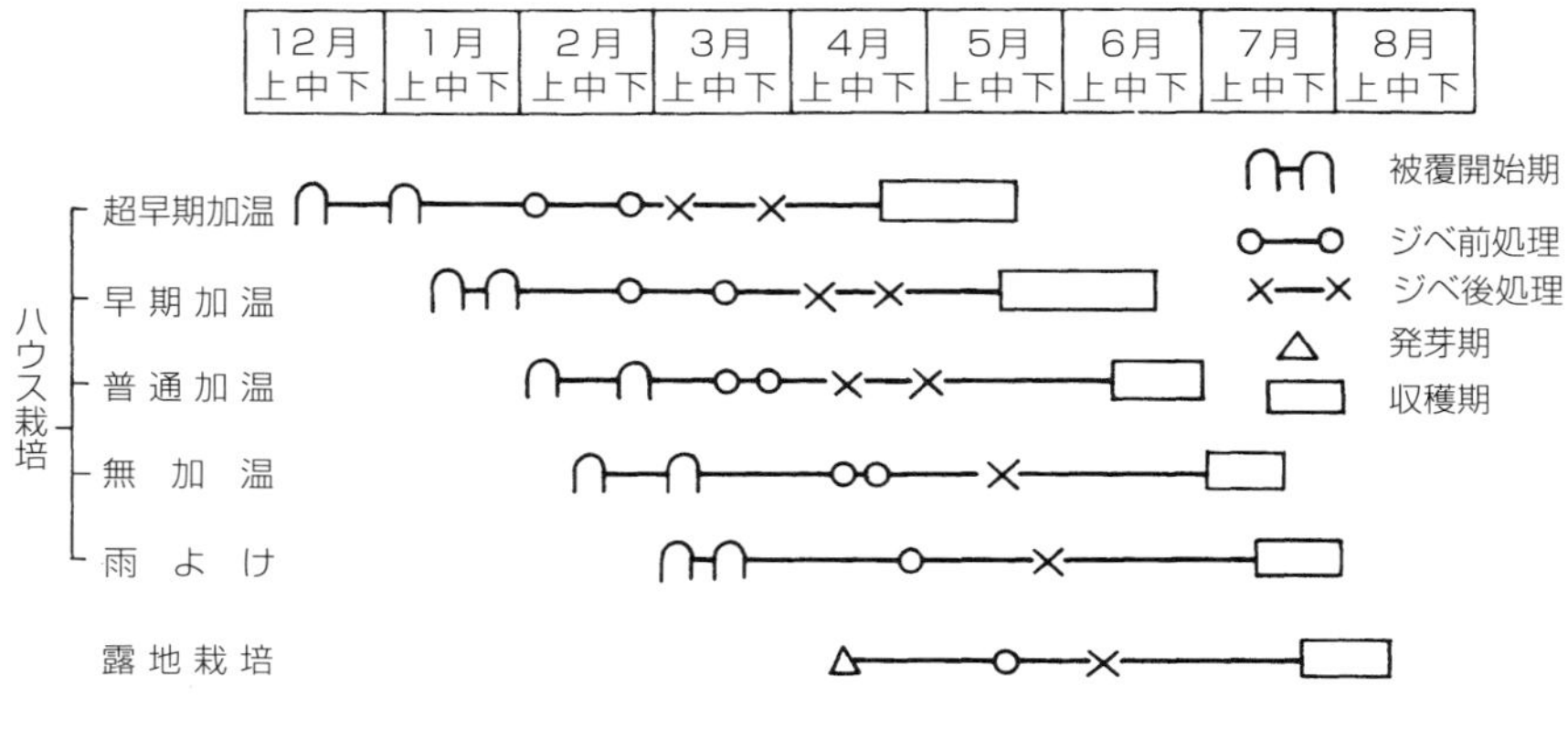

12月 1月 2月 3月 4月 5月 6月 7月 8月（各 上中下）
ハウス栽培：超早期加温／早期加温／普通加温／無加温／雨よけ
露地栽培
被覆開始期　ジベ前処理　ジベ後処理　発芽期　収穫期

図137　デラウェア（ジベ処理）の作型（島根農試）

ヤインマスカットは日照不足で糖度の上昇が遅れることがある。

●無加温と雨よけのねらいは安定生産

無加温栽培と雨よけ栽培の作型は、いわばハウス栽培の入門といえる。雨よけ栽培は雨をさえぎるだけだし、無加温栽培は被覆をして太陽熱を利用するだけだから、露地栽培からの移行が比較的容易である。

しかし、着色はじめに日照が少なかったり、着色期に果実温度が高すぎることがあり、品種によっては着色しにくい欠点がある。

デラウェアは、7月上旬から下旬にかけての収穫になり、梅雨末期に大雨が降ると裂果がおこる。巨峰は梅雨末期に着色が始まるので着色しにくく、生育がすすんでいるのに収穫期は遅れることがある。8月上旬から下旬にかけて収穫するが、盆前に出荷できるようにすれば高単価が期待できる。

それよりも、雨や風を防ぐので、生産が安定することが最も大きな利点である。

休眠打破と発芽促進

●休眠打破剤シアナミド液は確実に芽にかける

寒さから守るため、ブドウの芽は晩秋から自発休眠にはいる。自発休眠はブドウの生理的な現象なので、この休眠状態のブドウを加温してもすぐには芽が出ない。したがって、1月中旬以前に加温を始める早期加温や超早期加温の作型では、休眠を打破するためシアナミド液剤の10～20倍液を、腋芽めがけて散布処理する。

処理の最適期は、11月下旬から12月上旬ころである。芽にかからないと効果がないので、展着剤を加用して動力噴霧機などでていねいに散布する。散布後少なくとも1日は雨が降らないことが必要なので、天気予報に注意して散布し、心配だったら2回散布してもよい。

シアナミド液剤はアルコール依存症の治療薬と同じ成分が含まれており、散布した日に飲酒すると動悸などの症状が出やすいので、散布当日の飲酒は厳に慎まなければならない。

1月中旬以降に加温する作型では、休眠を打破する必要はないが、シアナミド液剤を処理すると、発芽は数日早くなり、そろいもよくなる。そのため、現在では無加温栽培にも使う場合が多い。そのときも処理適期は11月下旬～12月中旬である。ただし、発芽ぞろい効果だけを望むなら、1月中旬ごろまでは処理効果がある。

●発芽促進剤も使うと発芽のそろいがよい

また、休眠が覚めた樹の発芽を促進させ、そろいをよくする発芽促進剤として、メリット青の2倍液がある。処理適期は1月中旬であるが、被覆直後に処理しても効果はある。

超早期加温栽培や早期加温栽培では、被覆前にシアナミド液剤を散布しておき、被覆後にメリットを塗布する方法が一般的になっている。そのほうが、発芽のそろいがよいからである。

温湿度管理

温度管理

●ブドウの温度特性

ハウスで失敗しないための第一は、低温や高温によってブドウの樹体を損なわないことである。そのためには、ブドウの低温抵抗性と高温抵抗性を知っておく必要がある。

休眠期の最も温度変化に強いときのブドウは、48℃5時間ぐらいの高温や、マイナス9℃16時間の低温に遭遇しても被害を受けない。それが、発芽期になると、高温側では40℃4時間、低温側ではマイナス3℃1時間が限界である。最も弱い開花期には、高温側が45℃1～5時間、低温側ではマイナス1～3℃1時間の遭遇で被

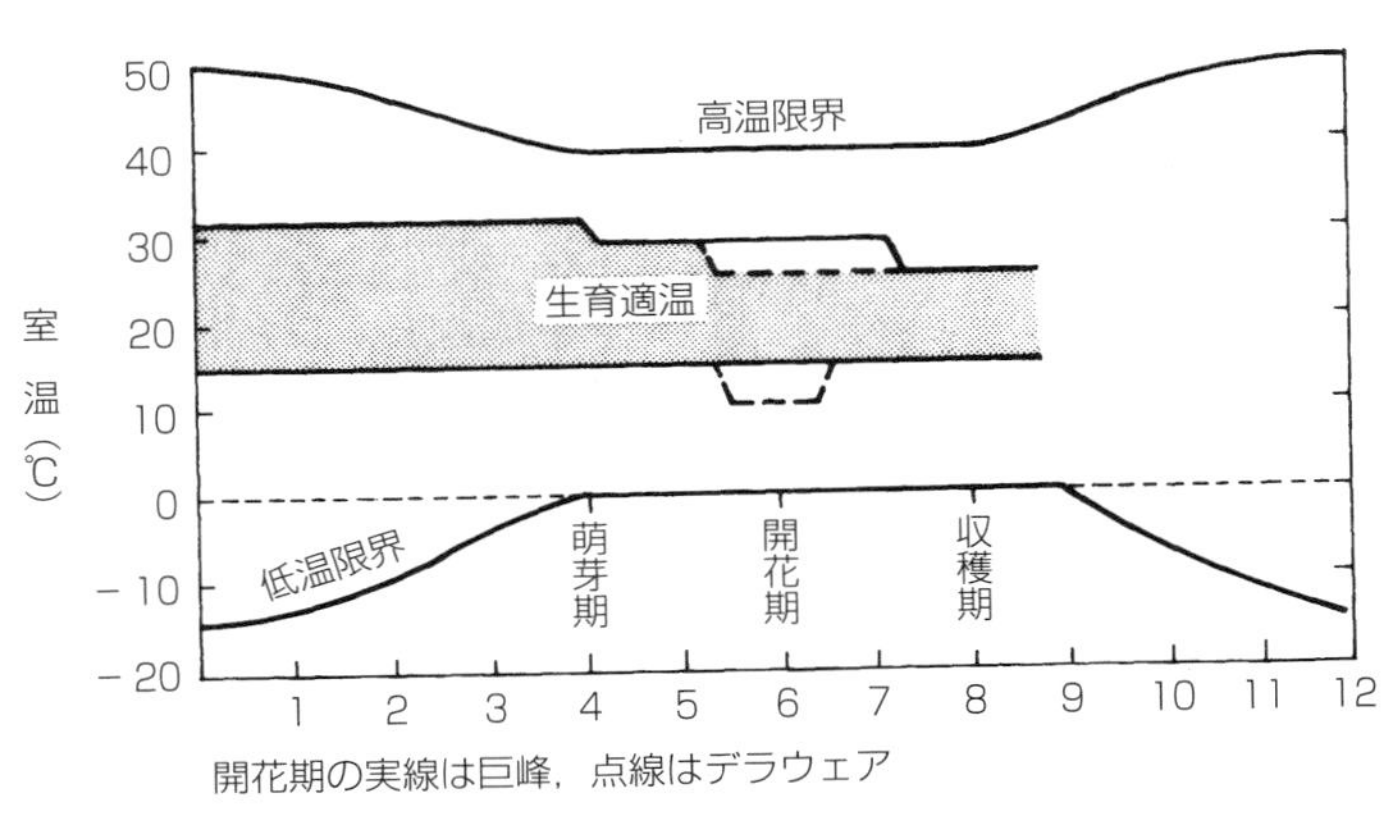

図138　巨峰とデラウェアの生育限界温度と生育適温
（宮川のデータから高橋作成）

害を受ける。

以上は、ブドウの生育限界温度で、ブドウ樹が焼けるとか、凍害にあうとかの大きな障害がおきない温度のことである。つまり、ブドウが生育できるギリギリの温度で、この範囲では果粒の肥大、着色などへの影響はさけられない。したがって、実際の管理では、それより狭い範囲で、ブドウの生育に適した温度で管理しなければならない。それが適温管理である。

休眠期は耐高温性や耐低温性が強いので、30℃くらいまでは、昼間の太陽熱を多く利用するようにできるだけ高く管理する。下は0℃にならないかぎり害はないが、生育の促進を考えて10℃より下がらないようにする。

発芽後は開花期を除き、20℃から25℃が適温なので、昼間は太陽熱を利用して28～30℃を上限とし、夜間は10～15℃に維持すればよい。しかし、開花期はジベレリン（GA）処理する品種では低めに、種ありの巨峰では夜温は18℃くらいで、昼は30℃くらいと高めに管理するのがよい（図138）。

●種なし栽培の温度管理

加温栽培では、被覆後すぐに加温を始めると、新梢と根の生育のアンバランスによって発芽が不ぞろいになりやすい。また、被覆直後は土の水分が多く、すぐに加温してもなかなか温度が上がりにくい。

そこで、被覆後、加温開始まで2週間程度の無加温期間をおき、高温多湿条件で発芽促進をはかる。極端な例としては、12月の初めに被覆して1カ月以上も無加温状態で過ごさせ、発芽してから加温を始める場合もある。そうすると、地温も十分に高くなっているので、発芽のそろいはたいへんよく、その後の生育もよいので、結実管理がたいへんやりやすくなる。

ただし無加温期間を長くする場合でも、暖房機はいつでも動かせるようにしておかなければならない。最も寒い時期だから凍害を受けるおそれがあるし、日本海側ではいつなんどき大雪がこないともかぎらないからだ。

無加温期間はできるだけ太陽熱を利用する。休眠期のブドウは高温にも低温にも強いので、昼間は40℃を超えないかぎり換気しないようにしておき、夜は無加温で推移させる。そのうち地温が上がり、多層被覆してあれば、加温しなくても夜温がマイナスにならないようになる。

デラウェアなどの開花期前GA処理品種は、結実をよくするために、処理時期は夜温を10～15℃程度に下げるほうがよい。

表9　種なし栽培での加温の温度管理例（安田）

		被覆	加温開始	萌芽期	GA 前期処理	結実後	着色始期
換気目標温度	共通	35～40℃	33℃	30℃	28℃	28℃	28℃
夜温（変温管理）	デラウェア	保温	15～18℃	15～18℃	10～15℃	18～20℃	15～18℃
	巨峰・ピオーネ	保温	15～18℃	15～18℃	15～18℃	18～20℃	15～18℃
	シャインマスカット	保温	15～18℃	15～18℃	15～18℃	15～18℃	—

シャインマスカットの短梢せん定では、生育促進のためGA処理までの期間、夜温を18℃以上にすると奇形葉の発生が多くなるので、やや低めにするのがよい（表9）。

●変温管理で省エネをはかる

一般的に変温管理という場合は、昼間は太陽熱を最大限利用して、夜温は生育に影響がない程度に低くして、燃料消費量をできるだけ節約しようとするものである。

生育の早さに影響させないためには、昼間は30℃とし、夜は15℃くらいがよいと考えられる。早く出荷しようと夜温を高めても、思ったほど生育はすすまないからである。そればかりか、夜温を高くするほど燃料の消費量は多くなり、15℃以上になると急に多くなる。

最近は、生育の遅れを最小限にとどめながら、燃料消費量を減らすような夜温管理の仕方が工夫されるようになり、それを変温管理と呼んでいる。

無難な温度管理の夜温は、加温を行なう時期や生育ステージなどでちがう。そこで、省エネを目標にした夜温を、夕方22時に下げ、翌朝3時に下げ、朝方5時ごろにさらに下げる3段階変温にし、年明けから2月中旬にかけては18－15－13℃、2月下旬以後は20－18－15℃とする。これで、20％程度燃料が節約できる。

また、より省エネをはかるため、2回目のGA処理以後、通常の夜温管理を行なった翌日に5℃下げて管理することをくり返す。そうすることによって、熟期を遅らすことなく、燃費を10％程度節約できる。

ハウス開放後の換気と温湿度管理

●温湿度計は棚上に

夜温が13～15℃をこえるようになる、5月初めから下旬にかけてサイド、妻、天井など全てを開放して、それ以降は自然の温度にまかせる。

これ以後は、保温より換気が重要になる。とくに、アーチ型ハウスは天井部分に暖気がたまり、50℃をこえて葉焼けなど、高温障害を受けやすい。それを防ぐためには、棚上の温湿度を正確に知ることが必要で、計測器は棚上に設置するのがよい。

棚下はブドウの葉陰になるため気温は低く、棚上との差が10℃以上になることはめずらしくないからだ。暑い日に手を棚上に伸ばしてみるとよくわかる。とくに、天井の低いアーチ型連棟ハウスで、妻や谷間換気がないときにはこの温度差が大きい。

だから、棚下が30℃になれば、棚上は40℃にもなりかねない。そうなればブドウの葉の光合成機能は著しく低下する。夏の晴天時の光合成を測ってみると、LAIの高いほうがよく仕事をしているのがわかる。一番上にある葉は高温のために仕事はできないが、いくらかそれが盾になって2枚目、3枚目の葉が仕事しているからだと考えられる。

したがって、温度管理を行なうときは、温度計は必ず棚上に置いて測るようにする。そして、天気がよくて温度が高い日には、棚上の温度が30℃を超えないよう、サイドだけでなく妻、天窓、谷間など十分に開けることが大切である。熱心な農家は自記温湿度計を棚の上に置いて、温湿度管理に利用している。

●種ありやジベレリン処理のタイプによって温度管理をかえる

ブドウの開花期は環境条件に最も敏感な時期で、高温にも低温にも最も弱い。開花期を除けば、品種による生育適温にあまりちがいはない。

ところが、開花期には開花前GA処理の種なし果生産の場合と、巨峰など四倍体品種の種あり果生産の場合では管理が大きくちがう。ひとことでいえば「開花前GA処理果は低めに管理し、種あり果は高めに管理する」のである。

たとえば、デラウェアやマスカット・ベリーAは、開花前GA処理期から開花期にかけて、夜温を10～15℃と低めにする。一方、種ありの巨峰やピオーネなどは、25～30℃で花粉管の生長がよいので、夜温は18～20℃はほしい。

それに対して、満開期ＧＡ処理の場合は、二倍体であろうが四倍体であろうが15～18℃と高めに設定し、生育の促進をはかるのがよい。

●開花期の湿度を低くする工夫

開花期の室内湿度が高いと、花が濡れたようになって灰色かび病の発生を助長する。また、花に水滴が長くついたままだと、病気でなくても果面がサビ状になり、サビ果の原因になることもある。したがって、開花中は湿度を下げるほうがよい。

湿度を下げるには温度を上げるのが一番簡単で、巨峰の場合では温度を高めに保つことによって、簡単に湿度を下げることができる。

しかし、デラウェアなど開花前ＧＡ処理の場合は、単純に温度を高くはできない。それは、ＧＡ処理から開花期にかけて、夜温が低いほうが結実、無核率ともによく、ＧＡ処理当日の夜温は低くする必要があるためである。

加温栽培では、ＧＡ処理した花穂や開花中のものなどが混在するので、ＧＡ処理当日の夜温を下げると、開花中の花穂は湿気を帯びることになる。また、無加温の栽培では加温することができない。しかし、フルメットを使うようになってからは、花振るいのおそれがかなり減ったので、夜温を少し高めてもよいかもしれない。

このようなときに効果が高いのは、ビニルマルチと谷間排水である。ビニルマルチをして地面からの蒸発を少なくするとよい。また谷樋のない連棟ハウスでは、谷間にビニルで溝をつくるなどして雨水をハウス外へ流すようにすると、湿度を下げることができる。

風を防ぐ

風はブドウの大敵

●目にみえる風害

ブドウにかぎらず、果樹は風害にあいやすい。風は地面から高くなるほど強くなるので、背の高い果樹は害を受けやすいためである。ブドウは棚栽培なので風害を受けにくいが、葉が大きいため生育初期には新梢が折れたり、葉や花穂に傷がつく。海岸近くでは潮風害などを受ける（図139）。

葉が被害を受けると光合成生産が減り、収量を減らす要因になる。また、花穂が被害を受けると花振るいや不良果房になる。とくにＧＡ処理時にフェーン現象にあうと、湿度の極端な低下によりジベレリンが吸収されず、種が残った顆粒ができたり結実不良になりやすい。

収穫期に台風などの強風にあって、脱粒やこすれなどによって果房に傷がつけば大きな損害になる。

図139　デラウェア新梢の潮風害

●目にみえない風害

弱い風は光合成を促進するが、風速３ｍ／ｓを超えるようになると抑制すると前述した。

ちなみに、直径30㎝の素焼き鉢で育成したデラウェアを、発芽期から20日間、扇風機で風速4.5～５ｍ／ｓの風を当ててみた。その結果、新梢の長さは、無風区１５６㎝に対し、夜送風区

107cm、昼夜送風区88cmで、明らかに風を当てると生長は抑制された（図140）。

葉面積では無風区1774㎠に対し、夜間送風区1626㎠、昼夜送風区は1345㎠で、明らかに風は葉面積を減少させた。

20日間だけでもこれだけの悪影響が出るのだから、成熟期までなら影響はもっと大きくなるだろう。

このように、樹体に損傷を与えない弱い風であっても、ブドウの生長を著しく抑制する。したがって、ハウスブドウの生産安定は雨よけのためと考えているきらいがあるが、風よけの効果がかなり高いといえよう。

図140　風によるブドウの生育への影響
左から無風区，夜間送風区，昼夜連続送風区

●風よけの効果はきわめて高い

次に風を防ぐとどうなるかを知るため、ビニルハウス、寒冷沙ハウス、露地栽培を比較してみた。その結果は表10のとおりで、ビニルハウスがもっとも優れた。糖度がやや低かったのは着果量が多すぎたためかもしれない。

寒冷沙による風よけハウスは、ビニルハウスよりも劣るとはいえ、露地に比較してはるかに優れていた。このように、春先から初夏にかけて季節風の強い、島根県出雲地方のような日本海側の砂丘ブドウ園では、防風効果はきわめて高い。

裂果の心配のないブドウ品種なら、この方法がブドウ生産を安定させる最も安上がりな方法といえよう。

表10　デラウェアの雨よけと風よけの生育比較（高橋，1974）

試験区	結果枝当たり花穂数	1房当たり着粒数	1房重(g)	1粒重(g)	糖度(%)	換算収量(kg/10a)
雨よけ（ビニルハウス）	4.0	167	182	1.65	17.2	2,311
風よけ（寒冷紗ハウス）	3.9	167	157	1.88	20.6	1,931
露　地	3.5	133	108	1.62	18.8	1,156

（風の防ぎ方）

●樹木の防風垣の効果

風を防ぐ手軽な方法として、樹木による防風垣が用いられる。ただ、開園と同時に防風樹を植え付けても、樹種によっては数年以上しないと効果があらわれない。植え付けた年に伸ばしたいブドウではこれが問題だ。

生長の早い樹種としては、暖地ならメラノキシロンアカシアやユーカリ、寒冷地ではイタリアポプラがよい。しかし、アカシアやユーカリは高木となり、管理が大変なので、初期防風の役割を終えたらヒノキやスギなどにかえるべきだろう。また、イタリアポプラは落葉樹なので春先の防風効果が期待できない。数年して幹が太ったら、それに直接ネットを張る方法もある。永久的にはスギ、ヒノキ、マキなどの常緑樹がよい。

防風効果は、垣根の高さと密閉度によって決まる。平坦な園なら風下側の防風効果は、垣根の高さの8～10倍ということになっている。しかし、風には息があり、下に向かって強く吹いたり、渦を巻いたりして垣根に近いところでも害を与えることがある。実感からすると、垣根の実用的な効果は、垣根の高さの5倍くらいまでだと考えたほうがよい（図141）。

樹木の垣根で問題になるのは、密閉度と高さが高くなるほど、日陰になる時間が長くなることである。また、根がブドウ園のなかにはいり込み、養水分の競合がおこる。ときどき園側の根を垣根から1~2mのところで切ることと、垣根の高さを制限し、枝下ろしをして適度な密閉度に保つことが必要である。

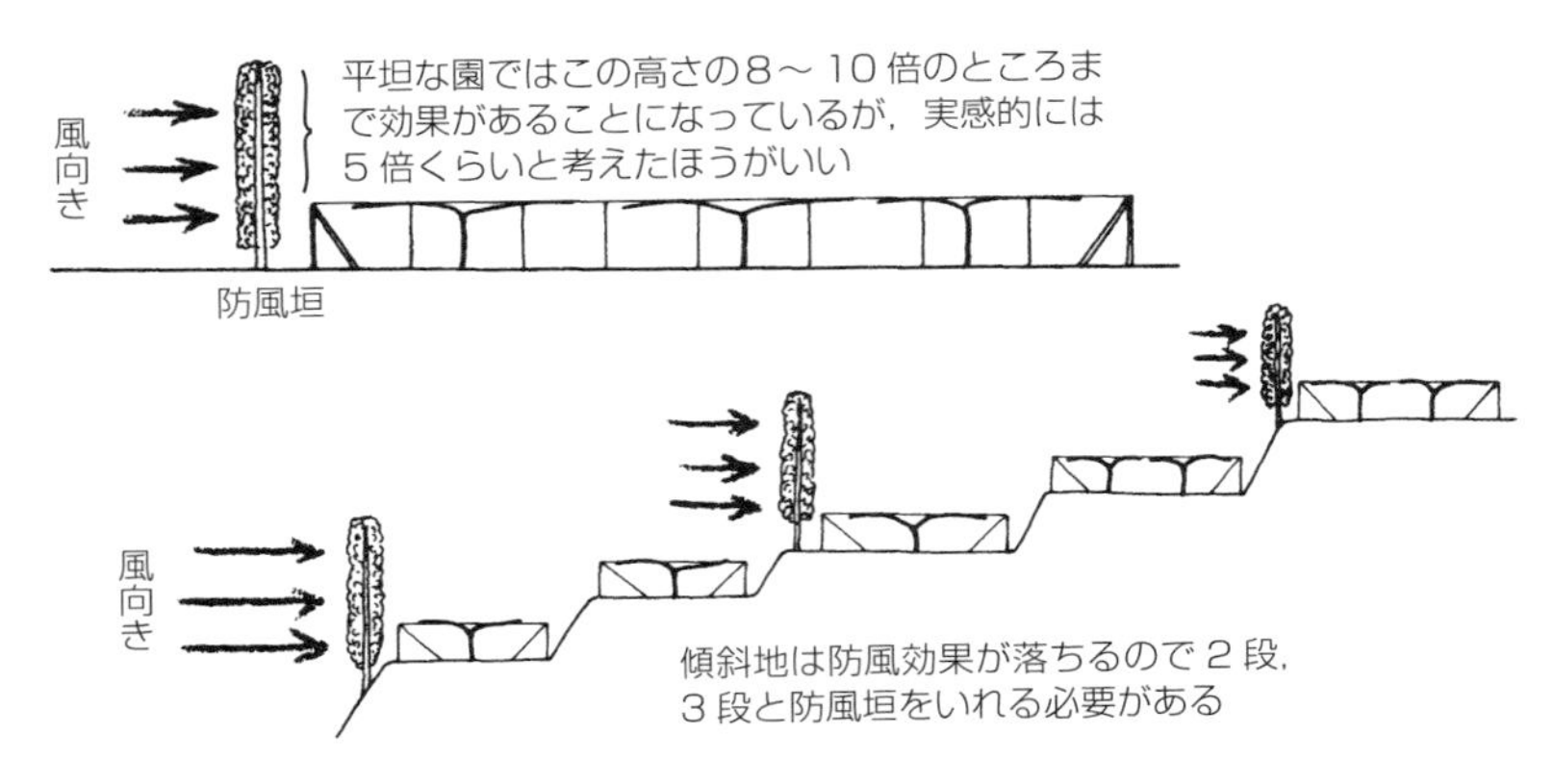

図141　防風垣の設け方

●ネットの防風効果はたいへん高い

ネットの防風垣ならただちに効果があらわれる。しかし、目合いが3㎜程度のラッセル編みのネットで、十分な防風効果が得られる高さにするには、かなり強固な構造にしなければならない。

ネットによる効果的な防風施設の構造について研究した結果、最も効果的なのは園全体をネットで覆うことだとわかった。その結果は図142をみるとわかるように、ネットで覆った園内の風速はほぼ半減し、しかも風上から風下のどの場所でも同じ風速で、風の息もないので、枝葉を傷付ける程度は格段に減る。

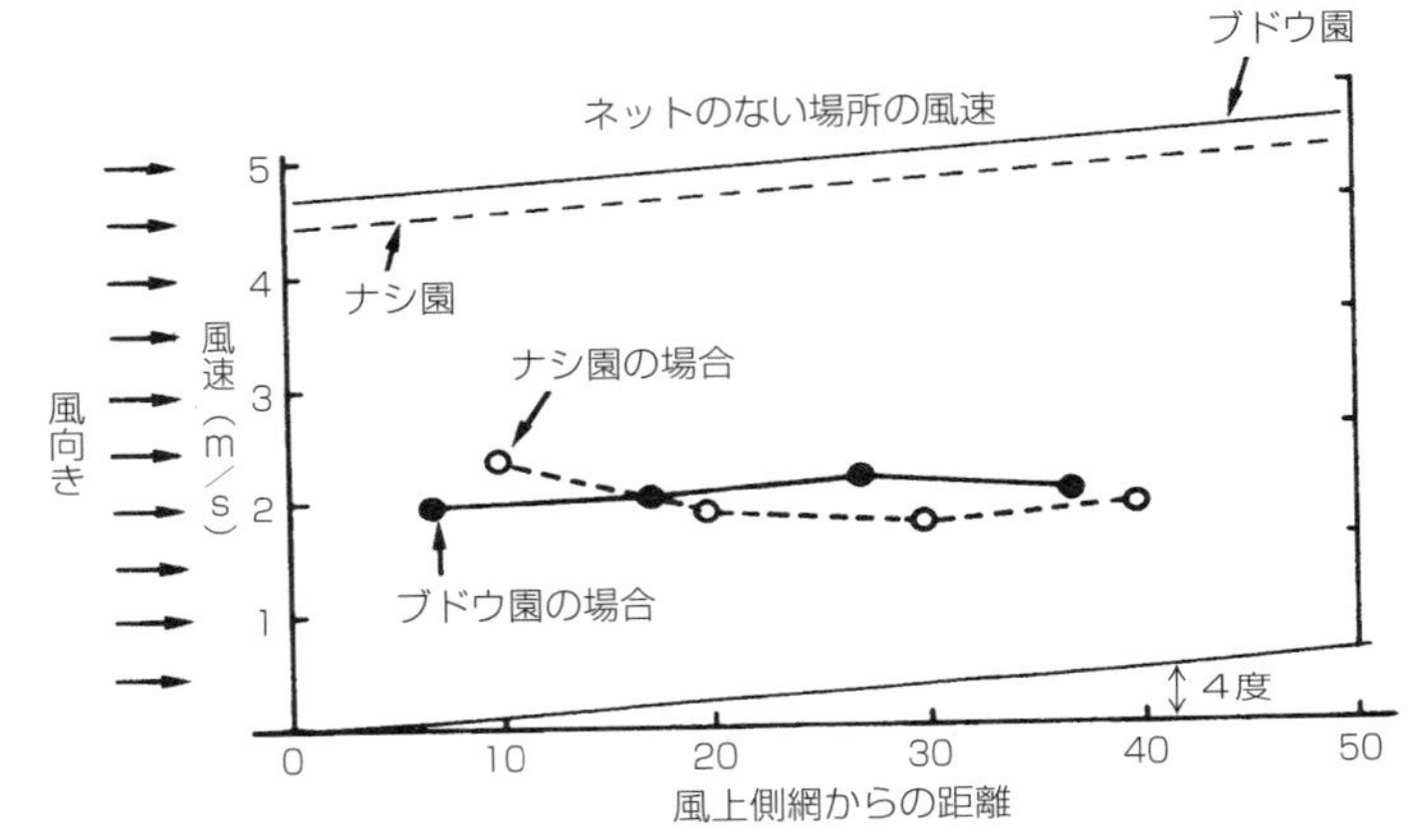

図142　防風ネットの効果
果樹園全体を透明な寒冷紗Ｆ 3000番ですっぽり覆ったときの減風効果。広さは40×50ｍで，風速の測定場所は地上1.8ｍ，傾斜４度の果樹園

ブドウでは、ブドウ棚の上1.5mにも棚線を張り、ネットで全体を覆い、あおりで飛ばないようにする。これが二重ネット棚である。積雪地帯では、雪が降る前にネットをまるめて10mごとに棚線にまとめる仕掛けが開発されているの

図143　二重ネット棚の生産は安定する

で、簡単に開け閉めが可能である。

121ページの表10でネットの効果を示したが、この方法を用いれば、普通のブドウならハウスに近い効果が得られる（図143）。

施設と機械の点検・整備

●サビ止めは秋のうちに行なう

ハウス栽培専業であれば9月ごろに収穫が終わる。体の疲れを癒すのも重要なので、10月の半ばごろまでは休むとしても、早めにハウスの修理や土の肥沃化などに取り組みたい。

毎年ハウスの設備を点検して、サビが出ていたらサビ止めをしておく。サビ止めは、サビを電動ドリルなどでよく落としてからでないと効果がない。サビ止めペンキは、粘りが強くならない、天気がよくて気温が高いときに塗るのがよい。最近は、サビ止め用の優れた塗料が開発されているので、少々高いが塗料店などに問い合わせるとよい。

●ハウスや棚の修理は早めに

年数がたつとハウスや棚が傷んでくるので、早めに補修しておこう。サビやすいのは雨水がたまるところや、なかなか乾かないところだ。たとえばアーチ型ハウスの谷間パイプは、マイカー線を結んだところからサビやすい。あまり傷みがひどいようなら、新しいパイプととりかえる。そうしないと、風や雪、雨で思わぬ災害を受けてしまう。そのほか、サイドビニルを止めるパイプなどもサビやすい。とくに地面に差してあるところはサビやすいので、傷んでいるところをさがして補修する。

大風で倒れたり、雪でつぶれたハウスで、棚やハウスの浮き上がり防止のアンカー線が、地ぎわの腐食によって細くなって切れているのをよくみかける。針金であろうとパイプであろうと、地ぎわが傷んでいれば早めに新しいものにとりかえて、地ぎわにはコールタールを塗っておこう。

●パイプのとめ具のサビに注意

ハウスには、ユニバーサルジョイント、クランプなどパイプとパイプをつなぐとめ具が多く使われている。ハウスの寿命は鋼管の品質とメッキによって決まるといってよく、現在の鋼管パイプは品質のよいものが主流だ。

ところが、パイプの品質には気をつけるが、金具類にはあまり神経を使わない人が多い。屋根型ハウスでは48㎜の鋼管同士をつなぐのにクランプが使われる。ところがその接触面に結露水がたまるのでサビやすい。とくにクランプは安いが品質が劣るものが多い。無意識に使うとサビが出てそこから傷むことになる。

サビ止めペンキで早めに処理しておく。最もよいのはコールタールを塗ることだが、汚いのと面倒なのでやる人は少ないようだ。

●暖房機、灌水設備など機械類は念入りに

暖房機は4月には必要なくなる。十分に点検・整備して保管したい。重油暖房機の寿命を最も縮めるのは、煙管の腐食である。重油には硫黄分がはいっており、煙管にこびりつく。暖房が終わったら煙管がみえる状態にし、動噴などで高圧の水を吹きつけてこびりついた酸化物を吹き飛ばす。そのあとは、暖房機を回して内部を乾かしてから保管する。

今後、重油を使う暖房機は規制される可能性が高いので、これから購入するなら比較的クリーンなLPG暖房機がよい。

灌水ポンプ、換気装置、電源、運搬車、耕耘機、バックホー、そのほかの施設や機械についても点検して、早めに整備をしておきたい。自動装置が誤作動すると、高温障害や低温障害を受けることになるので、とくに念入りに点検したい。

月	旬	無加温栽培		
		温度	生育期	作業
1		昼間の換気目標温度	休眠期	元肥
2				
3	上	33℃		ビニル被覆
	中	28℃	発芽	
	下			芽かき
4	上			新梢誘引
	中		新梢伸長	花穂整形
	下			灰色かび病，うどんこ病，晩腐病防除 スリップス，カイガラムシ防除
5	上		開花	ジベレリン（GA）前期処理
	中		果粒肥大第Ⅰ	摘房 ジベレリン（GA）後期処理 追肥 ハウス妻面，サイド開放
	下	28℃		摘粒
6	上		水回り	袋がけ
	中			谷換気
	下			
7	上		果粒肥大第Ⅲ	
	中			
	下			
8	上			
	中		成熟	収穫・出荷
	下			礼肥
9	上	ビニル除去		ビニル除去
	中			ＩＣボルドー66D50倍
	下			
10	上			棚，ハウスなど補修
	中			
	下			ブドウトラカミキリ防除 深耕・有機物施用
11	上			
	中			
	下			
12	上			整枝・せん定
	中			せん定枝かたづけ
	下			休眠打破

〈付録 1〉 シャインマスカットの作型別作業一覧（安田）

月	旬	露地栽培	
		生育期	作業
1		休眠期	整枝・せん定 せん定枝かたづけ
2			元肥
3	上		
	中		
	下		黒とう病，つる割病，晩腐病防除
4	上	発芽	
	中		芽かき
	下		
5	上	新梢伸長	新梢誘引 べと病，黒とう病防除 スリップス，ヨコバイ防除
	中		花穂整形 べと病，黒とう病防除 スリップス，ヨコバイ，アブラムシ，カイガラムシ防除
	下	開花	ジベレリン（GA）前期処理 灰色かび病，べと病，黒とう病防除 スリップス，ヨコバイ，アブラムシ，カイガラムシ防除
6	上		灰色かび病，べと病，黒とう病，うどんこ病，晩腐病防除 スリップス，ヨコバイ，アブラムシ，カイガラムシ防除
	中	果粒肥大第Ⅰ	摘房，摘粒 ジベレリン（GA）後期処理 追肥
	下		袋がけ
7	上		ＩＣボルドー66D40倍 サビダニ，スリップス防除
	中		
	下		ＩＣボルドー66D40倍 カイガラムシ，スリップス防除
8	上	果粒肥大第Ⅲ	ＩＣボルドー66D40倍 スリップス防除
	中	水回り	
	下		
9	上	成熟	収穫・出荷
	中		礼肥 ＩＣボルドー66D40倍
	下		
10	上		棚など補修
	中		
	下		ブドウトラカミキリ防除 深耕・有機物施用
11	上		
	中		
	下		
12	上		
	中		
	下		

月	旬	無加温栽培		
		温度	生育期	作業
1		昼間の換気目標温度		
2			休眠期	元肥 結果母枝の誘引
3	上	33℃		ビニル被覆
	中		発芽	
	下			芽かき，花穂整理，新梢誘引
4	上		新梢伸長	ジベレリン（GA）前期処理
	中			灰色かび病防除
	下			
5	上		果粒肥大第Ⅰ	ジベレリン（GA）後期処理 摘房，摘粒 追肥 ダニ，カイガラムシ防除
	中	28℃		ハウス妻面，サイド開放 夏季せん定
	下		着色	谷換気
6	上		果粒肥大第Ⅲ	夏季せん定
	中			
	下		成熟	収穫・出荷
7	上	ビニル除去		礼肥
	中			
	下			ビニル除去
8	上		貯蔵養分蓄積	ＩＣボルドー 66 D 40 倍または 4-4 式ボルドー液
	中			
	下			
9	上			
	中			
	下			
10	上			棚，ハウスなど補修
	中		落葉	
	下			ブドウトラカミキリ防除 深耕・有機物施用
11	上			整枝・せん定
	中			せん定枝かたづけ
	下			
12	上			
	中			休眠打破
	下			

〈付録 2〉 デラウェアの作型別作業一覧（安田）

月	旬	露地栽培	
		生育期	作業
1		休眠期	整枝・せん定
2			せん定枝かたづけ 巻きひげ，果梗の除去 元肥 結果母枝の誘引
3	上		発芽前つる割病，晩腐病防除
	中		
	下		防霜，防風対策
4	上		
	中	発芽	
	下		芽かき
5	上	新梢伸長	新梢誘引 花穂整理 べと病，つる割病防除 スリップス，ヨコバイ防除
	中		べと病，灰色かび病防除 アブラムシ防除 ジベレリン（GA）前期処理
	下	開花	
6	上	果粒肥大第Ⅰ	ジベレリン（GA）後期処理 追肥 摘房・笠かけ 晩腐病，べと病防除 スリップス，トリバ，ヨコバイ防除
	中		
	下		
7	上		新梢誘引みなおし，摘心，夏季せん定
	中	着色	
	下	果粒肥大第Ⅲ	
8	上	成熟	収穫・出荷 礼肥
	中		
	下		ＩＣボルドー 66 D 40 倍または 4-4 式ボルドー液
9	上		
	中		
	下	貯蔵養分蓄積	
10	上		棚など補修
	中		
	下		ブドウトラカミキリ防除 深耕，有機物施用
11	上	落葉	落葉処理
	中		
	下		
12	上		
	中		整枝・せん定
	下		凍寒害対策

著者略歴

高橋　国昭（たかはし　くにあき）

1936年島根県生まれ。1959年鳥取大学農学部卒業。同年島根県農業試験場研究員になり、以来ブドウ、ナシなどの露地および施設栽培研究を行ない、とくに果樹の物質生産研究を集中実施した。1980年同農試果樹科長。1986年農学博士、1990年次長、1992年園芸振興奨励賞（松島財団）。

1995年同農試退職し鳥取大学農学部教授となり、1999年農場長を経て2002年退官。2004年JA雲南技監となり、JA雲南果樹技術指導センター設立と指導にかかわり、2013年退職。現在は物質生産の研究をつづけながら、農家指導をつづけている。

著書　『ブドウの作業便利帳』、『ハウスブドウの作業便利帳』、『果樹 高品質多収の樹形とせん定』、『物質生産理論による　落葉果樹の高生産技術』（編著）、『図解　最新果樹のせん定』（共著）、『果樹の物質生産と収量』（共著）、『そだててあそぼう　ブドウの絵本』、『そだててあそぼう　農作業の絵本④　果樹の栽培とせん定』、『農業技術大系　果樹編　第2巻ブドウ』（共著）（以上農文協）、『果樹園芸　第2版』（共著、文永堂出版）など

安田　雄治（やすだ　ゆうじ）

1960年島根県生まれ。1983年島根大学農学部卒業。1983～1986年島根県農業改良普及員（果樹担当）、1987～2000年島根県農業試験場研究員となり、施設ブドウを中心に果樹の研究に従事。2001～2007年島根県専門農業改良普及員（果樹担当）、2008～2013年島根県東部農林振興センター出雲普及部（果樹担当）を経て、2014年島根県農業技術センター果樹技術普及課長（農業革新支援専門員）。

2009年からシャインマスカットを中心に34 aの施設栽培を実践中。

著書　『農業技術大系　果樹編　第2巻ブドウ』、『最新農業技術果樹』（以上共著、農文協）

新版　ブドウの作業便利帳　高品質多収と作業改善のポイント

2020年3月10日　第1刷発行
2023年5月20日　第4刷発行

著者　高橋 国昭・安田 雄治

発行所　一般社団法人　農山漁村文化協会
〒335-0022　埼玉県戸田市上戸田2-2-2
電話　048（233）9351（営業）　048（233）9355（編集）
FAX　048（299）2812　振替　00120 - 3 - 144478
URL.　https://www.ruralnet.or.jp/

ISBN 978-4-540-14101-0　製作／條　克己
〈検印廃止〉　印刷・製本／凸版印刷（株）

ⓒ高橋国昭・安田雄治　2020　Printed in Japan

定価はカバーに表示
乱丁・落丁本はお取り替えいたします